U0196312

普通高等教育土建学科专业"十二五"规划教材
全国高职高专教育土建类专业教学指导委员会规划推荐教材

现代木结构构造与施工

（土建类专业适用）

本教材编审委员会组织编写

张 弘 主编

加拿大木业协会 主审

中国建筑工业出版社

图书在版编目（CIP）数据

现代木结构构造与施工/张弘主编. —北京：中国
建筑工业出版社，2012.6
普通高等教育土建学科专业"十二五"规划教材.
全国高职高专教育土建类专业教学指导委员会规划推
荐教材. 土建类专业适用
ISBN 978-7-112-14409-9

Ⅰ. ①现… Ⅱ. ①张… Ⅲ. ①木结构-建筑构
造-高等学校-教材②木结构-工程施工-高等学校-教材
Ⅳ. ①TU366.2

中国版本图书馆 CIP 数据核字（2012）第 126666 号

　　本书是教育部"十二五规划教材"之一，本书以现代木结构构造与施工为主
线，参照国家标准《木结构设计规范》（2005 年版）GB 50005—2003、《木结构工
程施工质量验收规范》GB 50206—2002 及《木结构试验方法》GB/T 50329—
2002 而编写。
　　本书共分为 9 章，分别为：绪论、木结构房屋及结构构件、木结构的连接、
楼盖体系、屋盖体系、墙体、木结构建筑的防火、木结构的防护、木结构工程项
目实例。除第 9 章，其余每章后附有思考与训练。本书为高职高专建筑工程技术
专业教材，也可供土建类其他相关专业选择使用，同时可作为成人教育、相关职
业岗位培训教材以及有关的工程技术人员的参考或自学用书。

＊ ＊ ＊

　　　　责任编辑：朱首明　田立平
　　　　责任设计：陈　旭
　　　　责任校对：党　蕾　赵　颖

普通高等教育土建学科专业"十二五"规划教材
全国高职高专教育土建类专业教学指导委员会规划推荐教材
现代木结构构造与施工
（土建类专业适用）
本教材编审委员会组织编写
张　弘　主编
加拿大木业协会　主审

＊

中国建筑工业出版社出版、发行（北京西郊百万庄）
各地新华书店、建筑书店经销
霸州市顺浩图文科技发展有限公司制版
北京建筑工业印刷厂印刷

＊

开本：787×1092 毫米　1/16　印张：9½　字数：212 千字
2012 年 8 月第一版　　2012 年 8 月第一次印刷
定价：**20.00** 元
ISBN 978-7-112-14409-9
（22474）

本教材编审委员会名单

主　任：赵　研

副主任：危道军　胡兴福　王　强

委　员（按姓氏笔画为序）：

丁天庭　于　英　卫顺学　王付全　王武齐

王春宁　王爱勋　邓宗国　左　涛　石立安

占启芳　卢经杨　白　俊　白　峰　冯光灿

朱首明　朱勇年　刘　静　刘立新　池　斌

孙玉红　孙现申　李　光　李社生　杨太生

何　辉　张　弘　张　伟　张若美　张学宏

张鲁风　宋新龙　陈东佐　陈年和　武佩牛

林　密　季　翔　周建郑　赵琼梅　赵慧琳

胡伦坚　侯洪涛　姚谨英　夏玲涛　黄春蕾

梁建民　鲁　军　廖　涛　熊　峰　颜晓荣

潘立本　薛国威　魏鸿汉

序 ● 言

　　本套教材是 2003 年由原土建学科高职教学指导委员会根据"研究、咨询、指导、服务"的工作宗旨,本着为高职土建施工类专业教学提供优质资源、规范办学行为、提高人才培养质量的原则,在对建筑工程技术专业人才培养方案进行深入研究、论证的基础上,组织全国骨干高职高专院校的优秀编者按照系列开发建设的思路编写的,首批编写了《建筑识图与构造》、《建筑材料》、《建筑力学》、《建筑结构》、《地基与基础》、《建筑施工技术》、《高层建筑施工》、《建筑施工组织》、《建筑工程计量与计价》、《建筑工程测量》、《工程项目招投标与合同管理》等 11 门主干课程教材。本套教材自 2004 年面世以来,被全国有关高职高专院校广泛选用,得到了普遍赞誉,在专业建设、课程改革和日常教学中发挥了重要的作用,并于 2006 年全部被评为国家和建设部"十一五"规划教材。在此期间,按照构建理论和实践两个课程体系,根据人才培养需求不断拓展系列教材涵盖面的工作思路,又编写完成了《建筑工程识图实训》、《建筑施工技术管理实训》、《建筑施工组织与造价管理实训》、《建筑工程质量与安全管理实训》、《建筑工程资料管理实训》、《建筑工程技术资料管理》、《建筑法规概论》、《建筑工程质量与安全管理》等 8 门教材,使本套教材的总量达到 19 部,进一步完善了教材体系,拓宽了适用领域,突出了适应性和与岗位对接的紧密程度,为各院校根据不同的课程体系选用教材提供了丰厚的教学资源,在 2011 年 2 月又全部被评为住房和城乡建设部"十二五"规划教材。

　　为了进一步体现教材的多样性和特色、充分满足不同院校的教学需求、积极的拓展专业教材的适应领域、更好的为专业和课程改革服务、不断探索教材建设的新途径,在本套教材开发之初就制定了"围绕主线、不断拓展"的工作原则。随着主干课程教材和实训教材编写工作的顺利完成,在认真调查研究、听取各方面意见的基础上,陆续启动了配套拓展教材的编写工作,并列入了住建部"十二五"规划教材的建设计划。这些教材的编写工作是在认真组织前期论证、广泛征集使用院校意见、紧密结合岗位需求、及时跟进专业和课程改革进程的基础上实施的。在整体编写工作方案的框架内,各位主编均提出了明确和细致的编写提纲、切实可行的工作思路和安排,为确保教材编写质量提供了思想和技术方面的保障。

　　今后,要继续坚持"保持先进、动态发展、强调服务、不断完善"的教材建设思路,不片面追求在教材版次上的整齐划一,根据专业和课程建设的实际情况及时策划新的选题，不断拓展本套教材的应用领域和服务范围，突出本套教材先进性，保持旺盛的活力，使本套教材在适应领域方面不断扩展，在适应课程模式方面不断更新，在课程体系中继续上下延伸，不断为提高高职土建施工类专业人才培养质量做出贡献。

全国高职高专教育土建类专业教学指导委员会

土建施工类专业分指导委员会

2012 年 1 月

前·言

我国人民有悠久的建造和使用木结构房屋的历史，创造了灿烂的木结构建筑文化。1973年浙江省余姚河姆渡遗址中发掘出的木结构建筑，是现存最早新石器时代的木结构建筑遗址，距今已有6000～7000年的历史，其构造已经相当科学，反映了当时人们已经脱离了穴居生活。现存的高达67.1m的山西应县佛宫寺木塔，是世界现存最高的木结构建筑。但到20世纪80年代，我国森林资源采伐到了危机边缘，木结构应用与教学因此停滞20年之久。近年来随着城市建设步伐的加快以及居住建筑多元化的趋势等特点，轻型木结构建筑在我国得到了较快的发展。轻型木结构建筑施工周期短、节能保温、抗震性能良好等优势是政府部门、企业单位和个人居住者产生极大关注和喜欢的主要原因。为适应这一发展需要，培养相应的木结构人才，恢复木结构教学，已成为土建类大专院校的共识。

轻型木结构建筑始于北美国家，它们的建造技术资料和手册都较为完备。但是，目前在我国全面系统阐述轻型木结构构造与施工技术的工具书或指导书可谓凤毛麟角，尤其是针对高等职业教育群体的轻型木结构构造与施工更是不多见。编写新的木结构构造与施工教材以适应现代木结构在中国的蓬勃发展，以满足高职高专教师教学和学生学习、参考之需是十分必要的。因此，我们总结了木结构施工与构造的实践经验，参考了国际木结构工程所取得的最新成果，并参照国家标准《木结构设计规范》（2005年版）GB 50005—2003、《木结构工程施工质量验收规范》GB 50206—2002及《木结构试验方法》GB/T 50329—2002编撰了本教材。

《现代木结构构造与施工》以木结构构造与施工为主线，以图文并茂的形式，首先向读者介绍了木结构房屋及结构构件，木结构的连接，然后逐步向读者深入描述了轻型木结构住宅建筑楼盖工程、屋盖工程、墙体工程建造施工技术和细节，最后是木结构建筑的防火和防护。在叙述过程中，注重层次和衔接，强调实用性和先进性原则，力求体现建造施工类教科书的特点，集知识性、实践性、指导性与创造性于一身，使读者更系统、更全面地掌握木结构的构造和建造施工技能。

本书由上海城市管理职业技术学院张弘主编，刘学任副主编，加拿大木业协会担任本书主审。第1章和第3章由张弘编写，第2章和第8章由陈安萍编写，第7章和第9章由王彬编写，第4章～第6章由刘学编写，加拿大木业协会提供了附图。全书由刘学统稿。

　　本书编写过程中参考了大量资料并得到了有关专家的支持和帮助，特别是加拿大木业协会上海办公室提供了大量的资料和审核指导，在此我们表示衷心的感谢（因为地址不清楚或其他原因，可能对一些资料、图片的出处没有在文献中提到，请谅解）。由于编写时间仓促，编者水平有限，书中难以详尽所有技术内容，并且缺点、错误也在所难免，敬请广大读者及相关专业人士批评。

本书编写组

目 ● 录

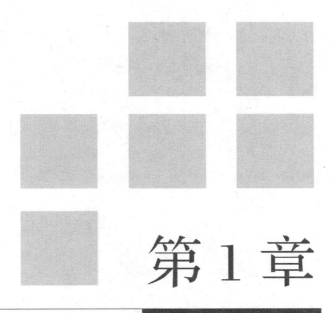

第1章

绪　论

　　学习重点：本章对国内木结构房屋的基本状况作了简要介绍，进一步阐述了现代木结构房屋在我国的发展优势和机遇以及需解决的问题。对涉及轻型木结构房屋建造及相关规范系统作了简单的说明。要求学生了解现代木结构房屋在我国的发展前景及其定义、相关规范。

学习目标：熟知现代木结构房屋定义、相关规范；了解木结构房屋的国内外建设的基本状况以及在我国的发展前景。

教学建议：进一步对现代与传统木结构房屋的同异进行解释，以增强现代木结构房屋的认识。

1.1 现代木结构的定义及发展状况

随着我国经济的发展和人们生活水平的提高，人们对居住环境的要求越来越高，具有优良性能的木结构房屋越来越引起人们的重视。特别在一些大城市，由于房地产商的参与和国外技术的引进，木结构房屋的建设成为一个新的热点。从总的趋势来看，相对于中国巨大的房地产市场而言，此类房屋的开发具有很大的潜力和发展空间。

本书旨在帮助我国木结构建筑（注：本书中所指木结构建筑，若无专门说明，则主要是指目前广泛应用的轻型木结构建筑）建设人员对该建筑体系有一个更深入地了解。本书以新颁布的《木结构设计规范》（2005 年版）GB 50005—2003 及《木结构工程施工质量验收规范》GB 50206—2002 和其他相关规范为基础，并参考了上海市《轻型木结构建筑技术规程》等相关规范和规程。

现代木结构房屋有别于中式传统的穿斗榫木结构框架房屋，是一种符合现代生活需求、功能齐全、安全舒适、节能环保的木结构建筑。

现代木结构大体包括轻型木框架结构和重型胶合木梁柱结构。建筑的木材构件全部采用工业标准化的木材或工程木制品，构件连接节点采用金属连接件连接。在这种技术下，现代木结构建筑具有优异的抗震性能，良好的环保、节能特点，品质优越，成本相对低廉。目前在我国建成的木结构住宅主要以现代轻型木结构为主。

因此，本书所指现代木结构建筑，主要是指现代轻型木结构建筑。

1.1.1 国内外木结构房屋的基本状况

木材作为建筑材料具有重量轻、强度高、美观、加工性能好等特点，因此自古以来就受到人们偏爱。从挪威的大型木结构教堂和中国、日本的古代庙宇，到无数北美 19 世纪的建筑，都证明了木结构建筑具有良好的耐久性。现代木结构住宅建筑在许多国家已很普遍。在北美，木结构住宅处于市场主导地位，1997 年美国新建独户别墅约 113.8 万幢，其中 90% 采用木结构；在 33.8 万幢多层住宅中，大多数也采用木结构。木结构还被广泛用于建造厂房、学校、旅馆、体育馆等。在加拿大，木材工业是国家支柱产业之一，其木结构住宅的工业化、标准化和配套安装技术也非常成熟。日本新建住宅房屋中，有半数以上是木结构。日本人对利用木材、胶合木和水泥刨花板建造住宅情有独钟，即便在人口稠密的东京地区也是如此。

在过去的几十年中，由于我国林业资源的匮乏和木材的短缺，政府对木材在建筑上的应用制定了严格的限制措施，提倡以钢代木，以塑代木。因此，木结构房屋被排除在主流建筑之外。但最近几年，一方面由于木材资源的更有效地保护和利用，另一方面基于经济的发展和人们生活水平的提高，人们更加注重居住环境及其多样性，木材的使用政策性合理利用成为可能。

我国木结构房屋的市场开发前景引起欧美国家相关机构的广泛注意。2001 年加拿大林业代表团访华时，就木结构建筑的材料和技术问题与我国政府相关部门及科研单位进行了深入的交流，认为在制定木结构建筑标准、完善木材产品规则和培训技术人才方面具有广阔的合作空间。美国林业纸业协会、加拿大木材出口局等汇同我国相关单位，在北京、大连、上海举办木结构房屋建筑大型系列研讨会，还成立了"加拿大一中国房地产商交流协会"，旨在促进中加两国在房地产开发及木结构房屋建筑技术方面的信息交流，为我国用户提供木结构房屋建筑。香港中兴集团与加拿大 NASCOR 公司合作，计划在我国开发北美木结构成套住宅，目前在上海青浦工业园区建立了加工、展示、培训和服务中心。

1.1.2 木结构房屋的主要结构形式

自 19 世纪初开始采用现代木框架结构住宅以来，木结构房屋从独户式住宅发展到联合式住宅及多层公寓建筑等多种形式。目前应用最多、技术经验最成熟的是轻型木结构，其建造特点之一是可以在现场建造，也可以在工厂预制构件，然后在工地装配。

轻型木结构建筑一般先浇筑混凝土地基，在地基上安装基础衬垫和经防水和防白蚁等特殊处理的底木，然后建造房屋的结构框架，通常用方木或胶合木做楼面梁、吊顶梁、屋面椽子及墙体龙骨、木质人造板作盖板等。木质人造板和结构构件之间使用钉连接，梁和承重墙体之间用轻质金属件连接。结构部分完成后，在外墙面饰以人造板挂板或其他材料，而内墙面和顶面一般采用石膏板作装饰基层。

1.2 木结构房屋在我国发展的优势和机遇

木结构房屋对于瞬间冲击和周期性疲劳破坏具有良好的抵抗能力，如在旧金山、神户、台湾大地震中，绝大部分木结构房屋仍保持完整就是很好的证明。节能保温的木材与钢、铝、塑料相比，不仅其生产能耗最小，而且木结构建筑还具有良好的隔热保温性能。研究表明：同样的保温效果，木材需要的厚度是混凝土的 1/15，钢材的 1/400。使用同样的玻璃纤维或泡沫塑料作为保温材料时，木结构比钢结构的保温性能高 15%～70%，可使建筑物的使用能耗大大降低。良好的环境条件下建筑物一般寿命平均为 50 年左右。而对被拆除的建筑物材料的处理，一直是困扰城市生态环境的大问题。为此，现代材料应该朝着"4R"原则（Renew，Recycle，Reuse，Reduce）的方向发展，木质材料基本符合上述要求。从表 1-1 中主要建筑材料寿命周期对环境影响的比较可见木材具有的环保优势，采用木质建材既符合国家建设绿色建筑的产业政策，又顺应健康住宅的理念。

主要建材寿命周期对环境的影响系数　　　　　　　　表 1-1

材料	水污染	温室效应	空气污染指数	固体废弃物
木材	1	1	1	1
钢材	120	1.47	1.44	1.37
水泥	0.9	1.88	1.69	1.95

　　木结构住宅对保护耕地的作用更为明显。按相关统计资料，前几年我国每年建设各类建筑需使用黏土砖 7000 亿块，损毁耕地 10 万亩以上。现在，住房和城乡建设部、国土资源部等已发文，要求限时禁止在住宅建筑中使用实心黏土砖。木结构房屋是砖混结构房屋很好的替代品之一。

　　木结构房屋施工期短，维修方便，一般木结构建筑的施工周期仅为同类砖混结构的 1/2～1/3，且具有布局与造型灵活以及维修和翻修方便的特点。木材进行维修或改造时所需要的设备相对简单，人员也较少。木材资源的可再生性和合理的综合利用使其资源具有可持续性。若将森林进行更科学的管理，坚持生长量大于采伐量，森林资源就可循环使用。木结构房屋建造成本相对较低。就房屋本身的质量、建筑操作性能源效益和施工速度来说，木结构房屋的成本效益最好。若在地板、墙壁和房顶部分采用预制的木质成型板材，则可以获得更大的成本效益。有研究将木结构房屋与钢筋混凝土结构的房屋建造成本进行比较，结果显示木结构占有一定优势。

1.3　我国发展木结构房屋需解决的问题

1.3.1　传统观念的转变及市场的认同

　　由于受传统农村木屋印象的影响，人们总认为木结构房屋是四面透风，既不坚固又非常简陋的木房子，其实这是一种误解。现在所指的木结构房屋是将生态、环保、个性化、美学及现代技术与传统方法结合，具有现代气息的多功能木结构建筑。另外，因森林资源匮乏而限制使用木材只能作为一定时期缓解供需矛盾的权宜之计，不能根本解决木材紧缺问题。从现实情况看，木结构建筑在我国的接受程度还很低，木结构产品真正进入市场并受到消费者的普遍欢迎尚需时日。人们从追求高容积率的居所转变到健康环保的住宅需要一个过程，首批开发的木结构房屋的成功与否非常重要，可直接影响到人们观念转变的快慢。

　　近年来，作为一种有效的建筑体系、适用于中低密度住宅和小型商用建筑的结构形式，轻型木结构住宅已在我国各地逐步得到开发商及部分高端业主的认可。

1.3.2 相应的法规和管理办法的建立

美国、加拿大及欧洲国家都有木结构建筑规范和标准，我国现有的有关标准与国外有较大差异。目前住房和城乡建设部已着手制定低层木结构住宅的设计标准和规范，在可预计的时间内将颁布实施。

上海市《轻型木结构建筑技术规程》作为一部相对全面和具有前瞻性的地方规范，已于 2009 年底颁布实施。

1.4 （轻型）木结构房屋的建造

木结构房屋以木制产品为基本结构材料。这些木制产品被用来建造结构框架和覆面板。结构框架和覆面板再通过连接件连接形成整个结构体系。木结构还可与混凝土和钢结构同时使用，形成混合结构，用于中高密度房型。

木结构房屋能提供舒适方便的居住空间。通过严格的材料处理和合理的设计和施工来满足其严格的性能指标。轻型木结构房屋具有良好的结构完整性，它们在地震中的抗震性能表现出色。其简单的施工工艺使得轻型木结构房屋具有施工周期短，成本低的优势。

经验证明，轻型木结构建筑舒适耐用。它们有很好的隔热性能，从而可显著地降低采暖和制冷的能源消耗。轻型木结构房屋可在工厂预制或现场直接建造。它们可满足各种不同生活方式和性能要求，并易于翻修和改进。

用于木结构建筑的木产品包括建造框架体系的规格材（实木）或工程木产品（再造木）以及用作覆面板的针叶木胶合板或定向木片板。所有这些材料都应该是经过认证的可用作结构构件的产品。

1.5 木结构建筑和木制产品的相关建筑规范系统

近几年，我国颁布了一系列专门针对木结构建筑和木制产品的规范和标准。这些规范和标准的颁布增强了木结构建筑规范部分的完整性。其中有国家规范也有地方规范，有强制性规范也有推荐性规范，有一些是产品规范或者标准，包括：《木结构设计规范》（2005 年版）GB 50005—2003、《木结构工程施工质量验收规范》GB 5020—2002、《防腐木材》GB/T 22102—2008 以及（上海市）《轻型木结构建筑技术规程》DG/TJ 08-

2059—2009 等。

另外，很多更宽泛的国家建筑规范中也有关于木结构的基本要求。这些规范一般适用于所有建筑类型，但是有几个章节或部分是专门针对木结构建筑的，其中包括：《建筑设计防火规范》GB 50016—2010、《建筑抗震设计规范》GB 50011—2010、《住宅建筑规范》GB 50368—2005、《民用建筑隔声设计规范》GB 50118—2010 以及《采暖通风与空气调节设计规范》GB 50019—2003。

当这些现行规范中的条例与不同的旧版本的建筑规范中的条例相抵触的时候，均采用现行规范中的规定。总的来说木结构建筑规范和这些相关规范是一致的。

木结构的相关规范会要求做一些工程计算来达到性能目标或者列出构造规定来简化设计和施工过程。例如，《木结构设计规范》（2005 年版）GB 50005—2003 和《建筑抗震设计规范》GB 50011—2010 中列出了用于工程计算的假定和参数。

除了《木结构工程施工质量验收规范》GB 50206—2002 和（上海市）《轻型木结构建筑技术规程》DGTJ 08—2059—2009 外，还有其他的规范和条例也给出了木结构建筑验收的相关规定。这些规范列出了木结构建筑及其构件的验收目标、职责以及过程。例如：《地基基础工程施工质量验收规范》GB 50202—2002、《建筑工程施工质量验收统一标准》GB 50300—2001、《建设工程监理规范》GB 50319—2000、《建设工程质量管理条例》国务院第 279 号令、《上海市建筑消防设施管理规定》上海市人民政府 70 号令等。

《上海市轻型木结构建筑技术规程》虽然只适用于上海地区，但是，是目前中国木结构建筑方面最全面的规程。所涵盖的范围包括：材料、工程设计、木结构混合型建筑、地基和基础、轻型木桁架、施工、防火安全、节能、耐久性、隔声和验收等各个环节。也可作为其他城市和地区的参考资料。

思考与训练

1. 试述轻型木结构定义。
2. 试述与木结构建筑有关的建筑规范。
3. 试述与木结构建筑有关的防火规范。
4. 组织参观木结构建材加工场地，了解木材料的分类，掌握木材的基本性质；掌握木材加工的整个流程，组织问题讨论。
5. 熟悉和掌握木工基本工具及其使用。
6. 熟悉和掌握常用的木结构建筑电动工具及操作。

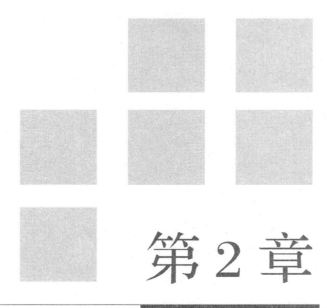

第 2 章

木结构房屋及结构构件

学习重点：轻型木结构房屋能达到高标准的各项性能指标、提供高质量的生态化居住环境。本章要求学生初步掌握现代木结构房屋的特点，对木结构房屋的结构组成有一定的认识，基本了解木结构房屋的结构构件的组合原理。

学习目标：1. 了解现代木结构房屋的类型、特点和优势。

2. 对现代木结构房屋的结构组成、结构构件有一定的理解。

教学建议：结合多媒体教学，使学生对现代木结构房屋的特点及结构组成有直观的印象。

本章概述： 本章对现代木结构房屋的类型进行了较为详细的介绍，对现代木结构房屋的特点及相对优势作了具体的阐述，并对现代木结构房屋的结构组成、结构构件进行了分析和说明。

2.1　木结构房屋简介

木结构房屋主要是由木构架墙体、木楼盖和木屋盖构成的结构体系，该结构体系是由不同的木结构构件建造而成，承担并传递作用于结构上的各类荷载。这些木结构构件主要包括那些用来建造结构框架的规格材（实心木）或工程木产品（再造木），以及用来覆盖在框架上作为覆面板之用的板材，如胶合板或定向刨花板等。

011

2.1.1　常见房屋类型

与钢筋混凝土结构相比，轻型木结构由于性能优异，具有更多的优势。采用木结构的住宅或商业建筑，一般售价会较高。而且与其他结构形式相比，轻型木结构施工工期非常短，所有这些都使轻型木结构有较好的投资回报率。

1. 独栋（也可称独立式）住宅

近几年，上海和北京的郊区，有许多独栋轻型木结构住宅拔地而起。多数面积较大，设施豪华，可满足部分高收入人群的需求。相关数据表明，在可比的情况下，轻型木结构住宅与混凝土和钢结构形式相比，造价非常有竞争力。轻型木结构同时还能为我国的节能减排目标做出贡献。

较小面积的独栋住宅可以满足城市郊区中等偏上收入人群的需求，同时也是农村或较小城镇中收入较高人群的选择。

2. 多户（或称联体式）住宅

两层或三层联体木结构住宅在我国的城市近郊或较小城市中出现，由于人口密度较高，对独户住宅用地的限制，这种形式的住宅应运而生。一般来讲，联体住宅有两到三层高度，户与户之间用以耐火极限达到三小时以上的材料分隔。轻型木结构多户住宅的建造技术与独栋住宅一样，遵循相同的建筑规范系统。每户面积一般在 $100\sim300\mathrm{m}^2$ 之间，可为中等收入人群提供基本或者园林式的豪华住宅产品。

四层及四层以上木结构多户住宅比联体住宅更能解决人口密度大地区的住宅需求，五层和六层的木结构单元楼在一些国家已有建造。这类住宅中，各单元一般在同一楼层，并以阻燃材料分隔。虽然这种形式的住宅在其他国家已经广为应用，但我国目前尚未允许建造四层及四层以上木结构住宅。

3. 混合式结构

底部为一～四层混凝土结构，上部为最多三层木结构的混合结构是商住两用楼的理想选择，混凝土部分可做办公室或店铺，而木结构部分可做住宅。在一些情况下，混合结构可能是最实用、有施工效率和有成本优势的结构形式。由于木结构建筑的节能和抗震优点，在寒冷和地震多发区建造尤其具有优势。

4. 混凝土结构中的木结构填充墙和楼盖

当采用木结构填充墙作为外墙时，与传统的混凝土或钢结构相比，这种木结构填充墙可在相当程度上提高该建筑的节能水平。作为内隔墙时，在室内空间分隔灵活性、防火安全、隔声和是否易改建等方面发挥出优势。木结构填充墙属于非承重结构，自重轻，可工厂预制，并且可与多种内外装饰材料结合使用。

在建筑规范和防火规范允许的地区，木结构楼盖系统已在混凝土结构中使用。实践证明，这种结构形式在节省造价方面非常有效。

5. 新旧混凝土结构中的木结构屋盖系统

我国在城市更新中多处使用木结构桁架，对建筑物进行了平改坡改造。竣工后屋顶的防雨能力可延长多年，并改善了建筑物外观。如果在屋盖空腔内装有矿棉保温隔热材料，还能降低建筑物的能耗。

这种系统，不仅在平改坡项目中替换旧的混凝土屋顶时具有成本优势，而且在新建混凝土房屋进行安装时，同样具有成本优势。

6. 特殊用途的商业和娱乐建筑设施

使用大尺寸木料和工程木产品，如胶合梁、结构用组合板材产品等，可建造出美观、宽敞的开放式木结构建筑。经过工程设计，木结构可以在很大范围内满足建筑设计的各种要求，包括使用大型拱梁和外露式木质立柱。屋盖跨度可在没有中间支承的情况下，做到很大。

此类木结构建筑通常用于作为体育场馆或综合性体育设施、工业建筑、购物中心、办公区建筑等。

7. 使用交叉层积材的中层建筑

交叉层积材结构是目前最前沿的木结构形式之一，可为六～十层高度建筑提供结构支撑。由于技术较新，目前我国还没有接受，但在欧洲几个地区已有运用。

8. 景观工程中的木材产品

经化学防腐等方面的处理，耐久性大大提高的木质材料，在景观项目中已经广泛应用，包括露台、步道、隔墙以及小型结构如储物房、凉亭等。木材确实能为环境增色。

2.1.2　现代木结构房屋特点

1. 多功能性

轻型木结构功能完备，具有多样性，具体功能包括：

（1）结构：墙体设计既可以将竖向荷载传递至基础，也可以有效地抵抗强烈的侧风和地震等横向荷载。另外屋盖、墙体和楼盖，以及所有构件之间的连接，都能够承受和传递纵向和横向荷载。

（2）强度：轻型木结构具有相当高的材料强度和刚度。主要原因在于构件的共同作用和复合作用。当荷载增加时，轻型木结构构件的共同作用为荷载的传递提供了多种途径。构件的复合作用是指当将覆面板和木框架连接在一起时，覆面板和木框架能共同承受和传递作用于结构上的荷载。轻型木结构中木质材料受力时表现出一定的柔性，加之材料自重轻，轻型木结构有很好的抗震性能。

（3）围护结构：为墙体和屋盖提供刚度的覆面板也可作为建筑物的围护结构，用来围护建筑物结构本身。在覆面板及覆面板后面的框架上可铺设外装修材料。包覆层可帮助形成气密系统，以防止空气泄漏并提高节能水平。

（4）保温和装修：结构框架不仅为保温材料的填充提供了空间，以达到节能效果，也为在其表面铺设气密层、防潮层及内装修材料提供了牢固的平面。保温材料在空腔中具有双重功能，防止空气泄漏和保温节能，由此可大大降低能耗成本，并同时提高舒适度。

2. 低碳建筑

木材产品在生产过程中消耗的能量远低于混凝土和钢材。每年木结构建筑都要比混凝土和钢结构建筑节约大量能源。这意味着对矿物能源消耗量的减少，也就意味着排入大气中的，引起全球气候变暖的二氧化碳数量的减少。

更重要的是，木材产品是可再生的资源。木材的供应可以说是无限的。木材的经济意义，对林业的可持续发展，对采伐后的后续工作包括次生林开发和新林地的种植均有积极意义。

3. 可预制

如上所述，轻型木结构房屋可以在工厂或施工现场进行不同程度的预制。如桁架、橱柜和楼梯等可以在车间里完成。从整个建筑来讲，整栋房屋中的面板部分或者可模块化生产的部分，均可在工厂化环境中生产装配，然后运到工地搭建、装配。

4. 结构尺寸多样

无论是独栋还是多户住宅，或者商业、公共建筑如学校、诊所、仓库、托儿所、体育场馆以及其他休闲娱乐用建筑，轻型木结构的造价均有一定的竞争力。对于跨度较大的建筑物可以使用屋盖桁架和工程木产品。

5. 适应性和耐久性强

轻型木结构房屋可以在各种环境下使用，其中包括：温度变化大的地带，多雪、多雨和多风的地区以及具有高湿度、地震影响和地形不平坦的地带。轻型木结构房屋可以有各种不同的内、外装修，其设计和施工在高湿度和强风地区也能保证应有的耐久性。木结构建筑优良的耐久性，是经过几个世纪实践检验的。

6. 设计灵活

无论结构内外，轻型木结构的建筑和结构设计几乎可以满足各种情况的要求。这种设计上的灵活性，尤其在处理各种对建筑物外观上的要求时，更显优势。

7. 产品品种多样化

用于建造轻型木结构房屋的产品和建筑材料，即使位置偏远的施工现场，也可以方便地运送到达，并且可在各地就地加工。如屋面桁架等结构构件可以用相对较简单的设备快速制成。由于木材的重量轻、结构紧凑的特点，运输时更可节省空间和运力。

8. 木工作业

木结构产品质量较轻，在施工现场搬运方便。只要覆盖上保护材料即可放置于室外储存。另外，作为建筑材料的木材也易于切割、紧固和连接。木材作为木结构中使用的主要建筑材料，与传统建筑材料相比，具有的弹性特点能在发生地震时更好地抵抗非线性荷载的冲击。而且当横梁、立柱或工程木产品等结构材料暴露在外时，作为装饰材料的一部分，其天然的装饰性也是极具特色的。

9. 易改建

轻型木结构易于改造。若在施工过程中发现错误或者设计有变动时，该特性极为实用。另外，轻型木结构也易于未来进行更新升级，只要花费很小的代价，就可大大提高其节能性能。

10. 成本优势

事实已经证明，在北美、日本和英国，轻型木结构房屋和其他建筑相比，是一种更为经济的建筑结构。轻型木结构建筑在许多情况下都比混凝土建筑更有价格优势。而且，木结构建筑在其生命周期里，能为使用者提供更好的质量、更高的性能、更低的能耗。当然，为达到最好的成本目标，应运用正确的建造技术进行木结构施工。

2.1.3 优势

1. 对规划和规范制定人员而言

（1）性能优越；

（2）节能；

（3）抗震；

（4）舒适；

（5）适用于各种不同的条件和要求；

（6）便于翻新改造；

（7）便于验收；

（8）是中低人口密度住宅的解决之道；

（9）低碳建筑；

（10）相关建筑规范体系完整。

2. 对开发商和施工单位而言

（1）施工迅速；

（2）设计灵活；

（3）结构完整性强；

（4）设计施工可按高性能房屋进行；

（5）结构及装修材料多样；

（6）造价具有竞争力；

（7）可现场施工或工厂预制，或两者结合；

（8）是中低人口密度住宅的机会；

（9）有一整套清晰完整的木结构施工规范和标准；

（10）产品优势、特色明显；

（11）潜在投资回报率高。

3. 对业主而言

（1）耐久；

（2）舒适便利；

（3）式样及设计多样化；

（4）节能；

（5）舒适性高（高气密）；

（6）抗震；

（7）建筑设计能与业主需求吻合；

（8）便于翻新改造；

（9）具有良好的环境效益（木材是绿色建筑材料）。

2.2　结 构 构 件

2.2.1　概述

　　木结构建筑的围护结构基本上是由五项构件组成：外墙、屋盖/吊顶、门窗、楼盖（与外墙交界处）以及基础/基础板或者首层楼盖。围护结构将外界的自然空气与室内经过空调处理的空气隔离开来。有些地区规定，整个围护结构均应被连续的气密层覆盖，以防止空气通过构件，从室内或室外向相反方向泄露。空气的流动可以将热量穿过围护结构带走，从而提高能耗成本。空气的流动还能将潮湿的空气从室外带入室内，从而增大构件内各种因潮湿而引发问题的概率。保温材料、气密层和水汽阻隔层，均在围护结构中发挥着阻隔热量、空气和湿气流通的作用。

　　轻型木结构房屋的基础通常为混凝土基础。然后将由木材和覆面板（楼面板）制成的楼盖锚固在基础上。这为墙体框架的建造提供了工作平台，墙体框架也是由木材和覆面板（墙面板）组成。每个墙肢相互连接，同时与楼盖也连接在一起，连接后的墙肢在其顶部再用规格材连接固定。此时，一层墙体就形成了。

　　对于二层木结构房屋，可将二层楼的楼盖与一层楼的墙顶连接，从而为建造二层的墙体框架提供工作平台。对于三层木结构房屋，可重复二层的建造工序。

　　由木材和覆面板（屋面板）制成的屋盖应安装在顶楼的墙顶上，并与墙顶连接在一起。这是轻型木结构房屋的最后一道安装程序。

　　结构用型材通过钉子互相连接，形成房屋的木结构框架。屋面板和墙面板通过钉子固定在规格材上。楼面板用钉子或螺钉固定，通常也结合使用结构胶加以固定。木结构通过螺栓固定在混凝土基础上。房屋框架各构件之间通常用钉子以及各种规格的金属连接板连接。

　　同时使用型材和覆面板能提供墙体、楼盖和屋盖所需的刚度。大量结构构件及连接件的使用使得结构可以通过多种途径传递荷载，防止建筑物的脆性破坏。

　　房屋结构体系中的某些部位和结构构件都可在工厂加工生产。大多数用于建造房屋的型材和覆面板也可在工厂按规格切割。有时墙体也可在工厂预制。甚至可以在工厂建造整栋房屋或房屋单元，然后再运送到建筑工地安装。

　　墙体框架应该在安装门和窗的地方留有开口。楼盖应在设置楼梯的地方留有开口。电线和各种机械系统的管道应安装在墙体、楼盖和屋盖构件内。墙体、屋盖或楼盖内的空腔应该用保温材料填充以减少因供热和制冷而导致的能量消耗，从而达到节能的效果。

　　屋面材料，例如瓦或沥青瓦，应固定在屋面板上。外墙饰面可用灰泥粉刷或用砖块、木挂板及其他饰面材料。内墙通常用石膏板覆盖。

　　通常会在外饰面以下，墙体或屋盖覆面板以上，加一层薄膜类面层，以抵御各种气候因素的侵袭。如果位于上海地区，由于风压、雨水强度都较大，需要在墙体覆面板和外墙饰面之间设置一个空腔，叫做防雨幕墙系统，以便渗透入外墙饰面的雨水能顺利排出，以利于干燥。

　　如图 2-1 所示为一个二层楼的轻型木结构房屋的结构构件及体系。如图 2-2 所示为一个建筑物的围护结构和气密层。

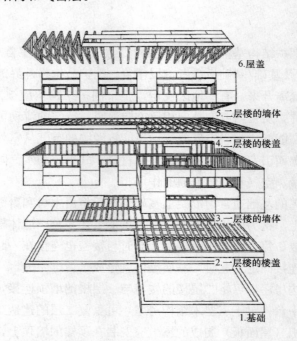

6.屋盖

5.二层楼的墙体

4.二层楼的楼盖

3.一层楼的墙体

2.一层楼的楼盖

1.基础

图 2-1　轻型木结构房屋的结构构件及体系

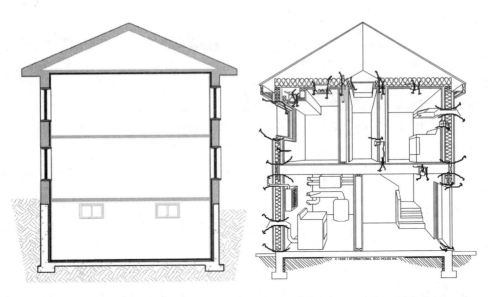

图 2-2　建筑物围护结构和气密层（建筑物围护结构中易发生空气泄漏的位置）

注释：

轻型木结构房屋是一种结构框架体系，该体系由木产品建造而成，可以承受和传递不同的荷载。建筑物围护结构则包括形成外墙的各种构件，其作用是将室内外空气隔开，控制建筑物内外空气、热量和水汽的流通。

2.2.2　结构构件的定义

如图 2-3 所示，展示了用于轻型木结构房屋中的各种主要结构用构件。结构构件的定义如下所述。

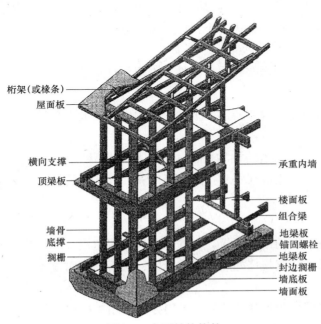

图 2-3　主要结构构件

1. 地梁板

一种水平结构构件，锚固于基础墙的顶部，并支承搁置在其上面的楼盖搁栅。地梁板采用经过防腐处理的规格材。

2. 地梁板锚固螺栓

将地梁板锚固于混凝土基础上的 L 形钢螺栓。抵抗作用于结构构件上的上拔力及侧向力。埋在混凝土中的钢螺栓的端头通常弯曲以确保钢螺栓和混凝土间的锚固力。

3. 搁栅

一系列水平结构构件，用于支承楼板、吊顶和屋盖。搁栅可采用规格材或工程木产品。

4. 封头搁栅

和一系列相互平行放置的搁栅末端垂直连接的水平结构构件。封头搁栅可采用规格材或工程木产品。

5. 底梁板

一种水平结构构件，与墙骨柱的底部连接并固定于楼面板和楼面板下的楼盖搁栅。底梁板可采用规格材。

6. 木底撑

一种水平支撑，固定于搁栅底部作为加劲杆之用。木底撑采用小尺寸的规格材。

7. 梁

较大规格的水平结构构件，为楼盖与屋盖搁栅提供中间支撑。梁可以采用规格材组合梁（如图 2-3 所示）或工程木产品。

8. 楼面板

水平铺设的结构面板，彼此相接，并固定于搁栅顶部。一般为固定尺寸的针叶材胶合板或定向木片板。面板的长边为企口以增加相接强度。

9. 墙骨柱

一种用于外墙和内墙框架的垂直构件；由规格材建造而成。

10. 承重内墙

能承担由上面楼盖和墙体传递下来的荷载的内墙；大多数的外墙为承重墙。

11. 顶梁板

置于墙骨柱顶端的水平结构构件。一般使用两层顶梁板，顶梁板和顶梁板相互叠合。上层顶梁板将墙肢连接在一起，并支撑搁置在其上面的楼盖搁栅或屋面桁架，顶梁板采用规格材。

12. 外墙面板

一种相邻竖直放置的结构面板，和墙骨柱外侧固定在一起，墙面板之间应有一定的空隙。墙面板由具有特定规格的胶合板或定向刨花板制作而成。

13. 剪刀撑

在楼盖搁栅之间作为加劲杆的短交叉斜撑；采用规格材。

14. 桁架

一系列垂直放置的结构框架，用来支撑屋盖以及作用于屋盖上的荷载。桁架与墙的顶梁板一般通过钉连接或金属连接板连接，桁架跨越的两个外墙为桁架提供所有的支承。

15. 椽条

一系列倾斜的结构构件，用来支撑屋盖以及作用于屋盖上的荷载。在建造屋盖的时候，也可以用椽条和屋盖搁栅来代替桁架。

16. 屋面板

覆盖在屋盖坡面上的结构面板，并固定在桁架的顶部。相邻屋面板的长边用金属夹连接，以加强屋面板在桁架或椽木之间的强度。屋面板由特定规格的胶合板或定向刨花板制作而成。

2.3　轻型木结构

2.3.1　概述

轻型木结构：包括平台框架和轻型框架两种类型，如图 2-4、图 2-5 所示。前者是将墙直接置于下一层的楼盖上，将其作为工作平台建造房屋；而后者是将墙骨从一层直通屋盖。轻型框架在 19 世纪后期和 20 世纪早期是最常用的类型。自从 20 世纪 40 年代

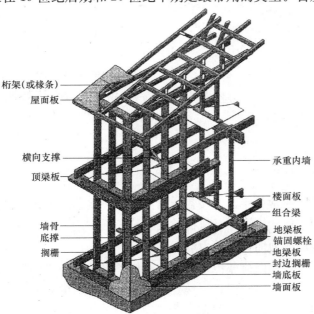

图 2-4　平台框架结构

后期开始，平台框架就占主导地位，现今已成为常规做法。

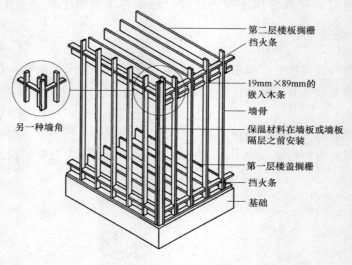

第二层楼板搁栅
挡火条

19mm×89mm的
嵌入木条
墙骨
保温材料在墙板或墙板
隔层之前安装
第一层楼盖搁栅
挡火条
基础

另一种墙角

图 2-5 轻型框架结构

平台框架结构为北美和北欧传统的结构类型，90％以上的住宅皆采用这种结构，

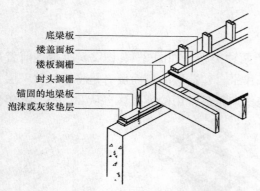

底梁板
楼盖面板
楼板搁栅
封头搁栅
锚固的地梁板
泡沫或灰浆垫层

图 2-6 在基础墙上铺设底层楼盖
并建造一层的墙体

隔热性能优良且宜于居住。全部构件皆在工厂制作，运到工地后安装，施工速度快。

如图 2-6 所示为在房屋的基础墙上铺设底层的楼盖，并将其用作施工的平台，修建一层的墙体。

这种以钉连接的楼盖与钉连接的墙体用钉组合的房屋是典型的高次超静定结构。这种箱形的板材结构是用多种功能的构件组成，曾在诸如地震、雪和风暴等极端载荷条件下经过验证能最大程度地恢复原状。

2.3.2 结构原理

轻型木结构房屋通常由屋盖、楼盖与墙体组成。墙体除了将从屋盖、楼盖传来的竖向荷载传递至基础之外，还需承受风荷载或水平地震作用，其中与这些横向荷载平行的墙体，因承受并传递剪力而称为剪力墙。

屋盖和楼盖除了将竖向荷载传递至墙体或柱子之外，尚应将从正面墙体传来的横向荷载传递至剪力墙。因此，它们必须具有足够的刚度，起横隔的作用。

水平的屋盖和楼盖是理想的横隔，但斜坡屋盖、尖顶屋盖及弧型屋盖也可用作横隔，如图 2-7 所示为典型的剪力墙和横隔。

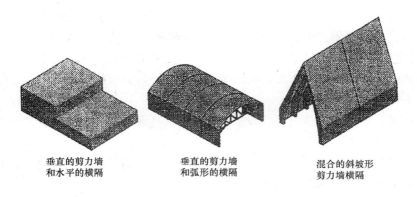

垂直的剪力墙　　　　　垂直的剪力墙　　　　　混合的斜坡形
和水平的横隔　　　　　和弧形的横隔　　　　　剪力墙横隔

图 2-7　典型的剪力墙和横隔（CWC, 1996）

　　如图 2-8 所示说明了木制剪力墙和横隔的作用在于束紧一个简单的箱形建筑承担风荷载。侧面墙简支在屋盖和基础上，将荷载传递至两端的剪力墙，转而传递至基础。

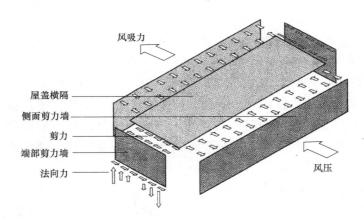

图 2-8　剪力墙和横隔作用力分解

　　剪力墙与横隔的区别在于它们的荷载和在边界的支撑条件。屋盖横隔承受作用在侧墙的风压传来的垂直力，并由端部剪力墙支承。

　　端部剪力墙承受屋盖平面从屋盖横隔传来的剪力，并由基础的剪力支反力和垂直力支反力平衡。剪力墙必须与基础锚固以抵抗提升力。

　　在平台框架结构（图 2-4）中，剪力墙和横隔起着独特的多功能作用。除了形成房屋部分的外壳，或划分房间和楼层以外，还是重要的承重构件。除了承担平面内的剪力以外还要承受垂直其平面的荷载（使用期间施加在楼盖和屋盖的荷载，作用于屋盖的雪荷载，作用于墙体和屋盖的风荷载）或者作用在平面上的轴向力（作用于墙体的垂直荷载）。从一项工程设计来看，并不是所有的墙体都是剪力墙，然而这些不按剪力墙需要设计的墙体，也将或多或少地承受一定的剪力。对于横隔也与此类同。为了澄清传力路线，阐明剪力墙和横隔正确的含义，必须坚持确切详尽的规定，工程师应明确地选用正确的板材构件，实现这项任务。详尽的要求将在本节后续部分讨论。

虽然剪力墙和横隔在钢、钢筋混凝土及木结构中得到大量的应用，而这里对于这些构件的讨论，将着重于在轻型木结构中应用，因为其通常用于住宅建筑。

板材组合的轻型木结构体系，简单明了，是一种最有效的抗侧向荷载的体系，其理由如下：

（1）屋盖、墙体和楼盖板材具有多种用途，既是承重的构件，同时又是整个结构经常的保护层。

（2）凭借相邻板材之间连续的连接，形成了三维的箱形体系，有利于非对称荷载的分布，并且克服了房屋体系的非连续性。

（3）钉连接的木制剪力墙属于高次超静定结构，因此不受最薄弱构件的影响。

（4）可以利用等级相对较低的木材形成非常可靠的体系。

（5）简便的房屋体系既不需要专门的设备，也不要求高超的木工技巧和建造及安装的工艺。

（6）基于钉与周边木材的形变能力，木制剪力墙具有非常好的延性。

（7）这种体系易于开孔或维护。

（8）非结构构件，例如墙的覆面层往往提供显著的附加抗力。

这里有必要分清剪力墙与普通墙体的区别。木结构中的剪力墙是专门设计的墙体，除承受竖向荷载和作用在表面的压力外，还承受侧向推力（即剪力），内隔墙除了自重以外，不承受其他荷载，仅起到分割居住空间的作用。楼盖或屋盖横隔处于水平或斜面的位置，除承受垂直其表面的荷载外，还起到抗侧向推力的作用，而其本身平面内受剪。从功能的观点来看，横隔类同剪力墙，但是其构造迥然不同，因此分别阐述。

1. 剪力墙和横隔工作原理

剪力墙或横隔由边框与密置的墙骨或搁栅组成，在其一侧或两侧覆盖木基板材或木板，通常承受三种类型的荷载：

（1）垂直其表面的荷载，例如作用于剪力墙的风荷载，以及作用于横隔的活荷载、风荷载或雪荷载。

（2）平行于墙骨平面作用于剪力墙的材料和构件自重，以及作用于横隔的风或地震作用。

（3）从其他板块传来的水平荷载和起源于风或地震作用引起的平面内的剪切荷载。

平面外的荷载通过覆面板承受传递至墙骨或搁栅，而使其受弯。竖向荷载由墙骨承担，类同柱子，而其侧向因钉入覆面板而得到支承。当有垂直表面的侧向荷载作用时，则墙骨应按压弯构件设计。

侧向推力荷载是由其他板块（剪力墙或横隔）通过连接件作用于边框，但主要由覆面板受剪承担（如图2-9所示）。将推力荷载传递至覆面板起最为重要作用的是连接件。由于框架构件之间的连接充其量是名义上的，覆面板及其连接件也在框架构件之间传递荷载而起着决定性的作用。因而剪力墙或横隔作为一个高次超静定体系，应将其用来承受平面内的推力荷载，使框架构件、覆面板及钉连接紧密地相互作用。

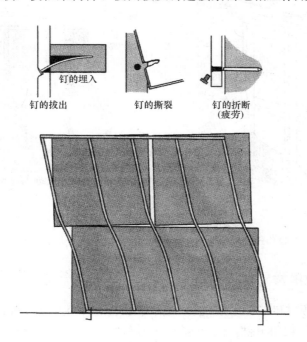

图 2-9　剪切荷载经剪力墙传递和钉连接的破坏机理

　　剪力墙和横隔的覆面板一般都采用结构胶合板或定向木片板。

2. 横撑的作用

　　由于覆面的木基结构板材（一般的幅面尺寸为 $1.2\text{m} \times 2.4\text{m}$）通常比墙体小很多而不得不在接缝处连接起来，将剪力从一块板材传递到另一块。在剪力墙中，垂直缝通常与墙骨重合，而毗邻的板材钉在同一根墙骨上就能实现横向传递剪力。在墙骨之间仍然需要设置专门的横撑，用以传递上、下板材之间的剪力（如图 2-10 所示），同时也保证了墙体的刚度。在横隔中，搁栅可用来钉相邻的板材而成为传递剪力的接头，横向板材之间往往缺乏这种接头或者不设横撑，而成为这个体系的薄弱环节。为了传递横向荷载，重要的是提供一种剪切连接件，用以防止板材边缘局部的位移。为了这一目的，往往提供 H 形夹子，它可传递平面内的剪力。当在平面的剪力非常高时，最好还是提供木横撑。

　　设置横撑也带来一些现实的问题，除了增加造价外，横撑还会阻塞为了通风和伸缩而在建造时预备的缝隙，由于防潮措施一般都会提供，因而通风要求不成问题。如果不设横撑，墙体的抗剪就要依靠与用作覆面板的木基板材接缝垂直的墙骨及接缝邻近少量的钉子（如图 2-11 所示）。但是墙骨的受剪破坏往往限制钉子所能传递的剪力。一些国家的设计规范允许横隔不设横撑，对其受剪承载力作折减处理。但是剪力墙却要求沿木基板材周边构件必须连续，也就是说不允许取消横撑。

　　2000 年的相关研究成果提供了对于不设置横撑的剪力墙承载力的折减方法，其强度调整系数已被加拿大国家设计规范采用。

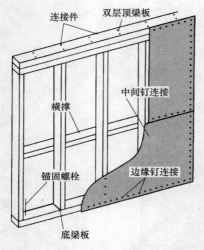

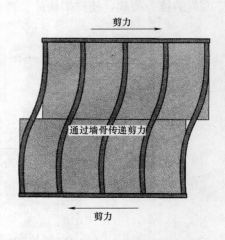

图 2-10　木制剪力墙和胶合板覆面板　　　　图 2-11　不设横撑的剪力墙

2.3.3　结构用材

　　轻型木结构由板材和方木组成。板材包括结构胶合板、定向木片板和石膏板，其尺寸皆按模数生产。方木采用结构规格材（见表 2-1）和机械分级的速生树种规格材（见表 2-2）。

　　规格材按材质分为 7 个等级，与北美规格材相应而列于表 2-3。

结构规格材截面尺寸　　　　　　　　　　　表 2-1

截面尺寸(宽×高)/mm	40×40	40×65	40×90	40×115	40×140	40×185	40×235	40×285
	—	65×65	65×90	65×115	65×140	65×185	65×235	65×285
	—	—	90×90	90×115	90×140	90×185	90×235	90×285

　　注：1. 表中截面尺寸均为含水率不大于 20%、由工厂加工的干燥木材尺寸。
　　　　2. 进口规格材截面尺寸与表列规格材尺寸相差不超 2mm 时，可与其相应规格材等同使用，但在计算时，应按进口规格材实际截面进行计算。
　　　　3. 不得将不同规格系列的规格材在同一建筑中混合使用。

速生树种结构规格材截面尺寸　　　　　　　　表 2-2

截面尺寸(宽×高)/mm	45×75	45×90	45×140	45×190	45×240	45×290

　　注：同表 2-1 注 1 及注 3。

轻型木结构用规格材的材质等级及与北美规格材等级对应关系　　　　表 2-3

材质等级	主　要　用　途	北美规格材等级
I_c	用于对强度、刚度和外观有较高要求的构件	优选结构级
II_c		一级
III_c	用于对强度、刚度有要求而对外观只有一般要求的构件	二级
IV_c	用于对强度、刚度有要求而对外观无要求的普通构件	三级
V_c	用于墙骨柱	墙柱等级
VI_c	除上述用途外的构件	建筑级
VII_c		标准级

2.3.4　楼盖

楼盖搁栅间距不大于 600mm，截面尺寸按计算确定。可采用规格材或预制工字形搁栅。搁栅两端支承在墙体的顶梁板上，支承长度不小于 40mm，并用两枚长度为 80mm 的钉子斜向钉牢在顶梁板（或地梁板）上。楼盖沿外墙四周应有封头和封边搁栅，这些搁栅的外侧与墙骨外侧一致，它们用长度 60mm 的圆钉以间距不大于 150mm 斜向钉牢在顶梁板（或地梁板）上，封头搁栅还需与每根楼盖搁栅用三枚钉长为 80mm 的圆钉垂直地钉牢，以防止楼盖搁栅支座处发生歪扭。为增强楼盖刚度和搁栅平面外稳定，楼盖搁栅间需连续设置剪刀撑或搁栅横撑（如图 2-12 所示），必要时搁栅底部还可设置通长的木底撑，剪刀撑或搁栅横撑的间距和距离一般不大于 2.1m。

轻型木结构楼盖中使用的主梁为规格材组合梁，近年来亦有使用结构复合木材制作的主梁。规格材组合梁由数根厚度为 40mm 的侧立规格材彼此钉合或用螺栓连接而成，除梁截尺寸需满足承载力和刚度要求外，尚需满足一定的构造要求。单跨简支梁的各规格材在长度方向不得有对接接头；多跨连续梁的每根规格材在同一跨中只允许有一个接头，相邻规格材接头需错开，同一截面上对接的规格材不得超过全部规格材数的一半，且接头应位于连续梁弯矩图的反弯点处，一般距中支座边距离为 1/4 本跨跨度处的 ±150mm 范围内（如图 2-13 所示）。边支座附近因无反弯点，不允许有对接接头。规格材组合梁采用钉连接时，钉长不小于 90mm，沿截面高度应布置两排钉，需双板逐次钉合，钉的横纹边距和中距不小于 4 倍钉径，顺纹端距约 100～150mm，中距不大于 450mm。当采用螺栓直径不小于 12mm 时，可沿梁截面高度中央单排布置，螺栓顺纹端距不大于 600mm，中距不大于截面高度的 4 倍亦不大于 1.2m，大梁支承长度不小于 90mm，它与柱或墙的连接应可靠且需采用金属连接件固定。

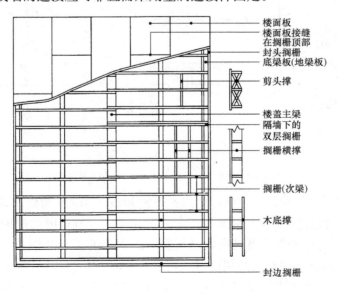

楼面板
楼面板接缝在搁栅顶部
封头搁栅
底梁板(地梁板)

剪头撑

楼盖主梁
隔墙下的双层搁栅

搁栅横撑

搁栅(次梁)

木底撑

封边搁栅

图 2-12　楼盖构造

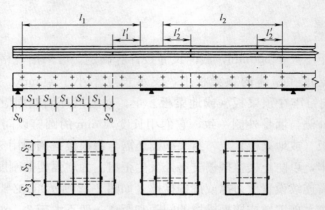

图 2-13 规格材组合梁

楼盖搁栅与大梁的连接可采用如图 2-14 所示的几种方法,其中图 2-14 (a) 的方法是搁栅直接支承在大梁上,它们的钉连接要求等同于搁栅与顶梁板间连接,大梁两侧均有搁栅时,搁栅需错开放置,彼此亦用钉钉牢。图 2-14 (b) 是通过托木将栅支承在大梁的侧面,托木截面一般不小于 40mm×65mm,与梁的钉连接由搁栅支反力决定,一般每根搁栅下至少要 2 枚长度为 80mm 的圆钉垂直地与梁钉牢,每根搁栅端与梁侧亦需用 2 枚长度为 80mm 的圆钉斜向钉牢。因搁栅支承在托木上,为防止拉脱,梁两侧的搁栅需用连接板彼此拉结,连接板截面不小于 40mm×40mm,每端用 2 枚 80mm 长圆钉垂直地与搁栅钉牢。图 2-14 (c) 则采用专用的金属连接件连接,金属连接件分别用钉与梁和搁栅钉牢,钉的数量与规格由所用连接板的要求决定,采用这种方法的优点是梁与搁栅顶标高可保持一致,有益于提高房间净空。

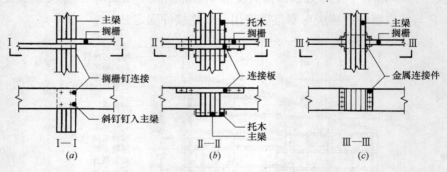

图 2-14 搁栅在梁上的交承方式
(a) 搁栅在梁顶;(b) 托木支承;(c) 用连接件连接

楼盖上有时需要开洞口,但洞口的边长不宜超过 3.5m 或楼盖边长的 1/2,洞口边缘距处墙边不宜小于 600mm。如图 2-15 所示为楼盖上开洞口时的搁栅布置,与楼盖断尾搁栅相垂直的封头搁栅所用规格数量与洞口的大小有关,当洞口尺寸 $l \leqslant 1.2m$ 时,可用 1 根与楼板搁栅规格相同的规格材;当 $1.2m < l \leqslant 3.2m$ 时,需 2 根规格相同的规格材;当 $l > 3.2m$ 时由计算决定。内层封头搁栅用 3 枚长度为 100mm 或 5 枚长度为 80mm 的圆钉垂直地与每根断尾搁栅钉牢,再用钉长为 80mm 以间距为 300mm 沿长度

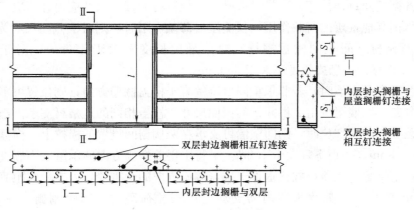

图 2-15　洞口搁栅的布置

方向错列将外层封头搁栅钉牢在内层封头搁栅上；内层封边搁栅应用 3 枚 100mm 或 80mm 的钉子垂直地与每层封头搁栅钉牢，外层封边搁栅和内层封边搁栅间也需用 80mm 钉子以间距为 300mm 沿长方向错列彼此钉牢。

　　楼盖局部挑出外墙面，可为上层房间增加使用面积，这是轻型木结构别墅常见的建筑形式，如图 2-16 所示为悬挑方向与楼盖搁栅垂直和平行时的两种悬挑搁栅布置方案。悬挑方向垂直于楼盖搁栅时，悬挑搁栅的抗倾覆端长度不应小于悬挑长度的 6 倍。悬挑搁栅是连续的，原楼盖搁栅需截断，但在悬挑搁栅间应连续地设横撑，悬挑搁栅与被截断楼盖搁栅和封头搁栅的钉连接要求与上述楼盖开洞时的搁栅钉连接相同。

悬挑长度	搁栅最小尺寸
400 mm	40mm×185mm
600 mm	40mm×235mm
>600 mm	按计算确定

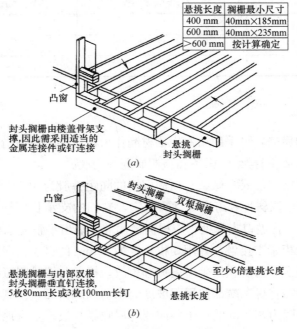

图 2-16　悬挑部分楼盖的搁栅布置

(a) 悬挑方向垂直于搁栅；(b) 悬挑方向平行于搁栅

洞中各搁栅间钉连接相同。悬挑搁栅所用规格材的截面尺寸应由计算决定，但若悬挑楼盖不承担其他楼层的荷载作用，仅受屋盖荷载作用时，则对于截面尺寸为 40mm×185mm 的规格材（间距同楼盖搁栅）允许悬挑长度不大于 400mm，对于 40mm×235mm 的规格材允许悬挑长度不大于 600mm。

当楼盖需支承内墙时，若非承重间壁墙垂直于楼盖搁栅方向，则位置可不限；若平行于搁栅方向，则墙至少由 2 根并排的截面尺寸与楼盖相同的规格材支承；当间壁墙坐落在两楼盖搁栅中间部位时，则间壁墙可支承在两搁栅间设置的横撑上，横撑截面不小于 40mm×90mm，间距不宜大于 1.2m。平行于楼盖搁栅方向的承重墙不应直接支承的楼盖上，对于仅承受屋盖荷载且垂直于楼盖搁栅方向的承重墙，可支承在距搁栅支座不大于 900mm 的位置。如承重墙尚需支承上层楼盖荷载时，则距搁栅支座不应大于 600mm。超过这些规定均需验算搁栅承载力，决定是否需要调整楼盖搁栅规格材的截面尺寸。

不设地下室的首层木楼盖，必须架空，并有通风装置，楼盖底面距室外地面标高不得小于 450mm，与室内地面间至少留 150mm 的空隙。

楼盖的覆面板（楼面板）采用结构胶合板或定向木片板，板厚取决于楼盖搁栅间距和楼面活荷载，按表 2-4 的规定采用。楼面板应尽量整张铺钉，其长向应垂直于楼盖搁栅方撑上，如无横撑则板缝间宜设 H 形金属连结件，防止面板在接缝处上下错动。

楼面板厚度及允许楼面活荷载标准值 表 2-4

最大搁栅间距/mm	木结构板材的最小厚度/mm	
	$q_k \leq 2.5kN/m^2$	$2.5kN/m^2 < q_k < 5.0kN/m^2$
400	15	15
500	15	18
600	18	22

2.3.5 屋盖

轻型木结构的屋盖，可采用结构规格材制作齿板连接的轻型桁架；跨度较小时，也可直接由屋脊板（或屋脊梁）、椽条和顶棚搁栅等构成。

不论何种屋盖结构形式，椽条与顶棚搁栅的间距一般为 400～600mm，截面宽度通常为 40mm，高度根据树种和跨度等计算决定，它们的支承长度均不得小于 40mm（如图 2-17 所示）。椽条在檐口支承处，应根据屋面坡度切出平整支承面，使其与支承它的墙体梁顶板或承椽板紧密接触，并用 3 枚长度为 80mm 的钉子斜向钉牢在支承板上。对于风荷载较大的地区，为防止发生屋盖掀起事故，椽条与墙骨间可设金属连结件彼此拉结。在屋脊处，亦需将椽条端部按屋面坡度要求切制成斜面，使其与屋脊梁或屋脊板紧贴，并采用 3 枚长度为 80mm 的钉子斜向或与屋脊梁（板）垂直地钉牢。顶棚搁栅应连续，但允许拼接，接头可采用搭接或连接板连接的形式，但接头应位于竖向支承上（如图 2-17 所示）。搁栅在顶梁板支座及中间支座处各需用 2 枚长度为 80mm 的钉子斜向地钉牢在支承板上。搁栅间应连续地设置横撑以保证平面外稳定。对于上人阁楼顶棚搁栅的设置，等同于楼板搁栅，包括开洞口的一些有关规定。

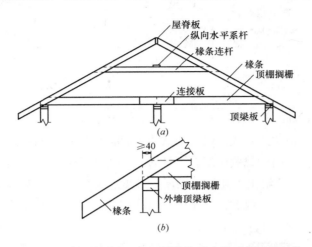

图 2-17　屋面坡度≥1/3，屋脊处无支承时的屋盖结构

对于屋面坡度等于或大于 1/3 三铰拱屋盖结构，需特别注意支座处椽条与搁栅间和搁栅拼接节点处的钉连接承载力，它应满足三铰拱拉杆（顶棚搁栅）的拉力要求。当屋盖跨度较大时，可在屋盖的 1/2 高度处设椽条连杆（如图 2-17 所示）以减少椽条的跨度。连杆所用规格材截面宽度为 40mm，高度不小于 90mm，两端与椽条的钉连接至少用 3 枚长度为 80mm 的钉子，并进行承载力验算。由于是压杆，当其长度超过 2.4m 时，跨中应设连接的纵向系杆，系杆截面尺寸小于 20mm×90mm，并用 2 枚长度为 60mm 的钉子与连杆钉牢。

对于屋面坡度小于 1/3 的屋盖，屋盖结构设计成斜梁形式。采用这一结构形式的椽条在檐口处可直接支承在墙的顶梁板上，亦可支承在承椽板上，椽条与搁栅间可不作连接。在屋脊处对于跨度不大的屋盖应支承在纵向的屋脊梁上，屋脊梁应由间距不大于 1.2m 的竖向压杆支承，竖向压杆规格材截面尺寸不小于 40mm×140mm，可支承在内墙上。对于中等跨度的屋盖，可在两侧设矮墙来支承椽条，而屋脊处不设屋脊梁处的竖向压杆。矮墙的木构架类似承重墙构架，但顶梁仅设一层规格材。矮墙可直接支承在顶棚搁栅上，但支承处的搁栅间需设连续的横撑。若棚顶需上人，则矮墙两面可铺钉覆面板，构成阁楼。矮墙上、下端需分别与椽条和搁栅钉牢，以防倾倒。

屋盖采用结构胶合板或定向木片板为覆面板，其最小厚度应满足表 2-5 的要求。铺钉时木基结构板材的表层木纹方向应垂直于椽条，板长向的对接接缝应位于椽条中心，并留 3mm 缝隙，相邻板长度方向的接缝应错开。板在垂直于椽条方向的接缝可采用 H 形金属连接件固定两板边，使其彼此支承。横撑可用截面为 40mm×40mm 的规格材制作。每张屋面板四边可用长度为 50mm 的钉子或 40mm 的 U 形钉以钉距 150mm 钉牢在椽条和横撑上，其他中间支座钉距可为 300mm，钉距板边缘的距离不应小于 9mm，钉紧程度以钉帽顶平板面为准。

屋面板的最小厚度 表 2-5

椽条间距/mm	不上人屋面		上人屋面	
	$g_k=0.3kN/m^2$ $S_k=2.0kN/m^2$	$0.3kN/m^2<g_k\leqslant$ $1.3kN/m^2$ $S_k=2.0kN/m^2$	$g_k=2.5kN/m^2$	$2.5kN/m^2<q_k\leqslant$ $5.0kN/m^2$
400	9	11	15	15
500	9	11	15	18
600	12	12	18	22

注: 表中 g_k 为恒载标准值, S_k 为活荷载标准值, q_k 为其他可变荷载标准值。

　屋盖设计中需特别注意三铰拱结构形式中杆件间的钉连接的承载力验算,应根据顶棚搁栅、椽条连杆在不同荷载效应组合下的最大轴力验算它们与椽条间距的连接,以及搁栅的拼接连接。表 2-6 给出了几种不同屋面坡度、椽条间距和屋面荷载下的搁栅与椽条间的钉连接要求,对于搁栅的拼接连接,其用钉量应比表中数量增加 1 枚。

楼盖顶棚搁栅与椽条端节点的钉连接要求 表 2-6

屋面坡度	椽条间距/mm	钉长不小于80mm的最少钉数											
		椽条与每根顶棚搁栅连接						椽条每隔1.2m与顶棚搁栅连结					
		房屋宽度达到 8m			房屋宽度达到 9.8m			房屋宽度达到 8m			房屋宽度达到 9.8m		
		屋面雪荷/kPa			屋面雪荷/kPa			屋面雪荷/kPa			屋面雪荷/kPa		
		≤1.0	1.5	≥2.0	≤1.0	1.5	≥2.0	≤1.0	1.5	≥2.0	≤1.0	1.5	≥2.0
1:3	400	4	5	6	5	7	8	11	—	—	—	—	—
	600	6	8	9	8		11	11	—	—	—	—	—
1:2.4	400	4	4	5	5	6	7	7	10		9	—	—
	600	5	7		7	9	11	10	—	—	—	—	—
1:2	400	4	4	4	4	4	5	6	8	9	8	—	—
	600	4	5	5	5	7	8	9	—	—	—	—	—
1:1.71	400	4	4	4	4	4	4	5	7	8	7	9	11
	600	4	4	5	5	6	7	7	—	—	—	—	11
1:1.33	400	4	4	4	4	4	4	4	5	6	5	6	7
	600	4	4	4	4	4	5	6	—	—	—	—	7
1:1	400	4	4	4	4	4	4	4	4	4	4	4	5
	600	4	4	4	4	4	5	4	—	—	—	—	5

2.3.6　墙体

　承重墙的墙骨应采用材质等级为 Vc 及其以上的规格材;非承重墙的墙骨材质等级无专门要求。墙骨在层高内应连续,可用指形接头连接,但不得用连接板连接。

　墙骨间距 400～600mm,承重墙墙骨截面尺寸应按计算确定。

　墙体转角处墙骨数量不得少于 2 根(如图 2-18 所示);内隔墙与外墙交接处设 2 根

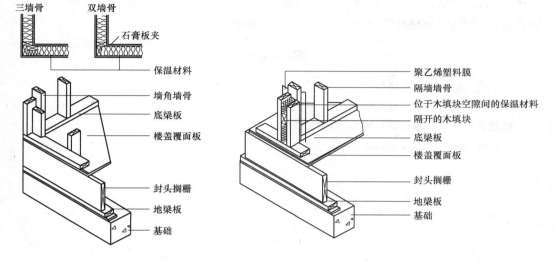

图 2-18　墙体转角处墙骨布置　　　　图 2-19　内隔墙与外墙交接处的墙骨布置

墙骨（如图 2-19 所示）；各规格材之间用长 80mm、钉距不大于 750mm 的圆钉钉牢。开孔宽度大于墙骨间距的墙体，孔两侧应采用 2 根墙骨；开孔宽度小于或等于墙骨间距并位于墙骨之间的墙体，孔的两侧可用单根墙骨。墙体底部应有底梁板或地梁板，其宽度不得小于墙骨的截面宽度，在支座上突出的尺寸不得大于墙体宽度的 1/3。

　　墙体顶部应设顶梁板，其宽度不得小于墙骨截面的高度，承重墙的顶梁板通常为 2 层，但当从楼盖、屋盖传来的集中荷载与墙骨的中心距不大于 50mm 时，可只设 1 层顶梁板。非承重墙仅设 1 层顶梁板。

　　多层顶梁板上、下层的接缝应错开一个墙骨间距，接缝位置应在墙骨上。在墙体转角和交接处，上、下层顶梁板应交错互相搭接。单层顶梁板的接缝应位于墙骨上，并在接缝处的顶面采用镀锌薄带钢以钉连接。

　　当墙面板采用木基结构板材，若最大墙骨间距为 400mm 时，板材最小厚度为

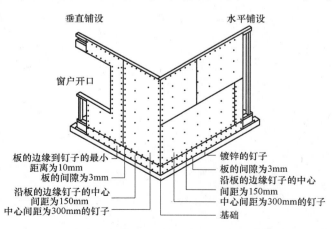

图 2-20　墙面板垂直和水平铺设时钉的排列间距和板的间隙

9mm；若最大墙骨间距为 600mm 时，板材的最小厚度为 12mm。如图 2-20 所示为墙面板垂直和水平铺设时钉的排列间距。

思考与训练

1. 现代木结构房屋有哪些类型？
2. 现代木结构房屋有哪些特点？
3. 现代木结构房屋有哪些基本结构构件？
4. 木结构施工图的识读训练。

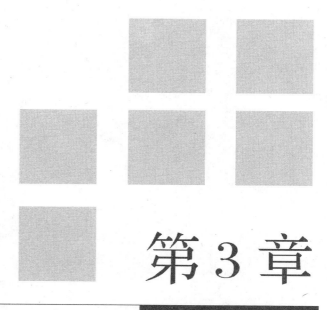

第3章

木结构的连接

学习重点：木结构房屋由各种结构构件通过连接组成。本章主要对榫卯连接、斗拱连接、齿连接、螺栓和钉连接、齿板连接等进行较为详细的阐述，对各种连接方式的优缺点进行了分析，并对相关连接方式的构造要求给予详细说明。要求学生初步掌握齿连接、螺栓和钉连接、齿板连接的基本原理及构造要求。

学习目标：了解并初步掌握木结构构件常见的连接方式。

教学建议：结合多媒体教学，使学生对木结构构件常见的连接方式有直观的印象。

本章概述：木材因天然尺寸的限制或结构构造的需要，而采用拼合、接长和节点联结等方法，将木料连接成结构和构件。根据连接受力情况不同，有的是直接传力，有的是通过连接件间接传力，连接构件是木结构的关键部位，要求传力应明确，韧性和紧密性应良好，构造应简单，方便检查和制作。

3.1 古代木结构常见连接方法

3.1.1 榫卯连接

榫卯连接是靠构件相互间的阴阳咬合来连接构件的方法，凸出来的部分称为"榫"，凹进去的部分叫做"卯"。榫卯连接是中国古代匠师创造的一种连接方式，其特点是利用木材承压传力，以简化梁柱连接的构造。利用榫卯嵌合作用，使结构在承受水平外力时，能有一定的适应能力。榫卯结构历史悠久，早在 7000 多年前的河姆渡新石器时代，我们的祖先就已经开始使用榫卯了。榫卯工艺以其高精度高强度，并且作为世界文化遗产得以传承，和京剧一并被海外华人视为"国粹"，是我国传统木结构建筑的灵魂。因此，这种连接至今仍在中国传统的木结构建筑中得到广泛应用。如图 3-1 所示。

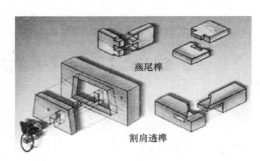

图 3-1 榫卯连接（凸出来的部分称为"榫"，凹进去的部分叫做"卯"）

榫卯连接的优缺点：

（1）坚固耐用，可以承受木件之间各个方向的扭动。

（2）不易锈蚀，做好防虫防潮工作就可以保存上千年完好。

（3）易于拆装，便于运输和维修。

（4）其缺点是对木料的受力面积削弱较大，用料不甚经济。

3.1.2 斗拱连接

斗拱连接是我国古代建筑特有的一种结构形式。方形木块叫斗，弓形短木叫拱，斜置长木叫昂，总称斗拱。斗拱的产生和发展有着非常悠久的历史。从两千多年前战国时代采桑猎壶上的建筑花纹图案，以及汉代保存下来的墓阙、壁画上，都可以看到早期斗拱的形象。斗拱是建筑等级的标志，大型的建筑一定会用斗拱作为连接结构，斗拱在唐代发展成熟后便规定民间不得使用。斗拱是中华古代建筑中特有的形制，是较大建筑物的柱与屋顶间的过渡部分。其功用在于承受上部支出的屋檐，将其重量或直接集中到柱

图 3-2 斗拱连接（方形木块叫斗，弓形短木叫拱，斜置长木叫昂）

上，或间接的先纳至额枋上再转到柱上。斗拱使人产生一种神秘莫测的奇妙感觉。在美学和结构上它也拥有一种独特的风格。无论从艺术或技术的角度来看，斗拱都足以象征和代表中华古典的建筑精神和气质。如图 3-2 所示。

斗拱连接的优缺点：

（1）斗拱位于柱与梁之间，起着承上启下，传递荷载的作用。

（2）斗拱在梁与柱之间形成纵横交错的铺作层，犹如在梁与柱间增设了一层弹簧层，它可以有效地抵抗地震力。

（3）斗拱构造精巧，造型美观，如盆景，似花兰，具有很好的装饰效果。

（4）斗拱的营造流程和工艺较复杂，对工匠的技艺要求高，不利于普及。

3.2 现代木结构常见连接方法

3.2.1 齿连接

齿连接是将受压构件的端头做成齿榫，在另一构件上锯成齿槽，使齿榫直接抵承在齿槽内，通过抵承面的承压工作传力。齿连接主要是用于桁架支座节点的连接方式。齿连接的可靠性在很大程度上取决于其构造是否合理。因此，尽管齿连接的形式很多，推荐采用正齿构造的单齿连接或双齿连接（如图 3-3，图 3-4 所示）。所谓正齿，是指齿槽的承压面正对着所抵承的承压构件，使该构件传来的压力明确地作用在承压面上，以保证其垂直分力对齿连接受剪面的横向压紧作用，以改善木材的受剪工作条件。

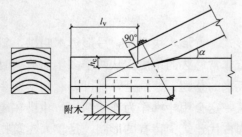

图 3-3 单齿连接

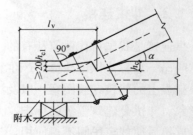

图 3-4 双齿连接

1. 齿连接的优缺点

（1）齿连接构造简单，传力明确，可用简单工具制作。

（2）其构造外露，易于检查施工质量和观测工作情况。

（3）齿连接由于在构件上刻槽，对构件截面削弱较大，从而增加木材用量。

（4）在齿槽中除承压工作外，尚伴随着脆性的剪切工作，同时只能用于手工操作，要技术级别较高的木工进行制作，方能保证连接质量。

2. 齿连接的构造要求

（1）齿连接的承压面应与所连接的压杆轴线垂直，使压力明确地作用在该承压面上，并保证剪力面上存在横向紧力，以利于木材剪切工作。

（2）单齿连接应使压杆轴线通过承压面中心。

（3）当采用湿材制作时，还应考虑木材发生端裂的可能性。为此，若干屋架的下弦未采用"破心下料"的方木制作，或直接使用原木时，其受剪面的长度应比计算值加大 50mm，以保证实际的受剪面有足够的长度。

（4）在齿连接中，木材抗剪属于脆性工作，其破坏一般无预兆，为防止意外，木桁架支座节点必须设置保险螺栓、附木和经过防腐处理的垫木。

（5）齿连接的齿深，对于方木不应小于 20mm；对于原木不应小于 30mm；桁架支座节点齿深不应大于 $h/3$，中间节点的齿深不应大于 $h/4$（h 为沿齿深方向的构件截面高度）。

3.2.2　螺栓和钉连接

在木结构连接中，螺栓和钉连接的工作原理是相同的，即由于阻止了构件的相对移动，而受到其孔壁木材的挤压，这种挤压使螺栓和钉受剪与受弯，木材受剪。

1. 螺栓和钉连接的优缺点

（1）钉连接适用范围广泛，施工简单，不需要特别高的施工技巧，便于工厂化生产，是现代木结构采用最广泛的连接形式。

（2）螺栓连接需要预钻孔，不如钉连接施工简便，更适用于复杂节点，且其节点的破坏形式主要集中于螺栓的受弯和连接件的受拉或受剪破坏，节点延性变形能力强，适用于有抗震要求的木结构建筑中。

（3）螺栓和钉连接均是在现场加工，装拆方便，利于检修，且连接可靠、成本低。

（4）螺栓和钉连接的缝隙处容易有腐蚀的发生。

（5）螺栓和钉受木材含水率的影响。尤其是钉会因含水量下降，木材干燥，构件收缩，而自动脱落出来。所以应避免在横纹方向在同一块连接板上布置一排较多的螺栓和钉。

2. 螺栓和钉连接的构造要求

为了充分利用螺栓和钉受弯、木材受挤压的良好韧性，避免因螺栓和钉过粗、排列过密或构件过薄而导致木材剪坏或劈裂。实验表明，在很多薄构件的连接（特别是受拉接头）中，其破坏多从销槽处木材劈裂开始。而施工也发现，拼合很薄构件连接时，木材容易被敲劈。因此，在构造上对木料的最小厚度、螺栓和钉的最小排列间距有表 3-1 的规定。

螺栓连接和钉连接中木构件的最小厚度　　　　　　表 3-1

连接形式	螺栓连接		钉连接
	$d<18mm$	$d\geqslant18mm$	
双剪连接	$c\geqslant5d$ $a\geqslant2.5d$	$c\geqslant5d$ $a\geqslant4d$	$c\geqslant8d$ $a\geqslant4d$
单剪连接	$c\geqslant7d$ $a\geqslant2.5d$	$c\geqslant7d$ $a\geqslant4d$	$c\geqslant10d$ $a\geqslant4d$

注：表中 c——中部构件的厚度或单剪连接中较厚构件的厚度；a——边部构件的厚度或单剪连接中较薄构件的厚度；d——螺栓或钉的直径。

对于钉连接，表中木构件厚度 a 或 c 值，应取钉在该构件中的实际有效长度。在未被钉穿的构件中，计算钉的实际有效长度时，应扣去钉尖长度（按 $1.5d$ 计）。若钉尖穿出最后构件的表面，则该构件计算厚度也应减少 $1.5d$。

3. 螺栓的排列，可按两纵行齐列或两纵行错列布置（如图 3-5，图 3-6 所示），并应符合下列规定：

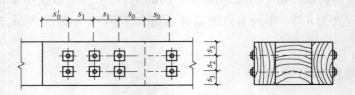

图 3-5　两纵行齐列

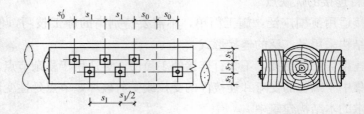

图 3-6　两纵行错列

（1）螺栓排列的最小间距，应符合表 3-2 的规定。

（2）特殊情况下采用湿材制作时，木构件顺纹断距 S_0 应加长 70mm（一般要求用干材）。

（3）当构件成直角相交且力的方向不变时，螺栓排列的横纹最小边距：受力边不小于 $4.5d$，非受力边不小于 $2.5d$。

（4）当采用钢夹板时，钢板上的端距 S_0 取螺栓直径的 2 倍，边距 S_3 取螺栓直径的 1.5 倍。

螺栓排列的最小间距　　　　　　表 3-2

构造特点	顺纹			横纹	
	端距		中距	边距	中距
	S_0	S_0'	S_1	S_3	S_2
两纵行齐列	7d		7d	3d	3.5d
两纵行错列			10d		2.5d

注：d——螺栓直径。

4. 钉的排列，可采用齐列、错列或斜列（如图3-7所示）布置，其最小间距应符合表3-3的规定。对于软质阔叶材，其顺纹中距和端距应按表中规定增加25%；对于硬质阔叶材和落叶松，采用钉连接应预先钻孔，若无法预先钻孔，则不应采用钉连接。在一个节点中，不得少于两颗钉。

钉排列的最小间距　　　　　　表 3-3

a	顺纹		横纹		
	中距 S_1	端距 S_0	中距 S_2		边距 S_3
			齐列	错列或斜列	
$a \geq 10d$	15d	15d	4d	3d	4d
$10d > a > 4d$	取插入值				
$a = 4d$	25d				

注：d——钉的直径；a——构件被钉穿的厚度。

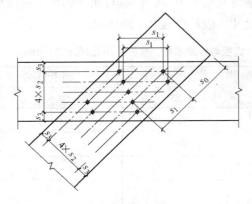

图 3-7　钉连接的斜列布置

3.2.3　齿板连接

齿板采用镀锌薄钢板经单向打齿制成，通过压力将齿压入待连接木构件中（如图3-8所示）。齿板连接适用于轻型木结构建筑中规格材桁架的节点及受拉杆件的接长，由于齿板为薄钢板制成，受压承载力极低，故不能将齿板用于传递压力。在有腐蚀、潮湿环境或者有冷凝水的环境，木桁架不应采用齿板连接。

由于齿板较薄，生锈会降低其承载力以及耐久性，为防止生锈，齿板应由镀锌薄钢板经单向打齿制成。镀锌应在齿板制造前进行，镀锌层重量不低于275g/m²。为保证齿板质量，钢板可采用 Q235 碳素结构钢和 Q345 低合金高强度结构钢，其质量应符合国家标准《碳素结构钢》GB 700—2006 和《低合金高强度结构钢》GB/T 1591—2008 的规定。当有可靠依据时，也可采用其他型号的钢材。

图 3-8　齿板连接

1. 齿板连接的构造应符合下列规定：

（1）齿板应成对对称设置于构件连接节点的两侧。

（2）齿板连接处构件无缺棱、木节孔等缺陷。

（3）拼装完成后齿板无变形。

（4）采用齿板连接的构件厚度应不小于齿嵌入构件深度的两倍。

（5）在与桁架弦杆平行及垂直方向，齿板与弦杆的最小连接尺寸，在腹杆轴线方向齿板与腹杆的最小连接尺寸均应符合表 3-4 的规定。

齿板与桁架弦杆、腹杆最小连接尺寸（mm）　　　　　　　　表 3-4

规格材截面尺寸	桁架跨度 L(m)		
（mm×mm）	$L≤12$	$12<L≤18$	$18<L≤24$
40×65	40	45	—
40×90	40	45	50
40×115	40	45	50
40×140	40	50	60
40×l85	50	60	65
40×235	65	70	75
40×285	75	75	85

2. 齿板连接的构件制作应在工厂进行，并应符合下列要求：

（1）板齿应与构件表面垂直。

（2）板齿嵌入构件的深度应不小于板齿承载力试验时板齿嵌入试件的深度。

（3）齿板连接处构件无缺棱、木节、木节孔等缺陷。

（4）拼装完成后齿板无变形。

思考与训练

1. 木结构的连接方式有哪些？
2. 齿连接有哪些构造要求？
3. 螺栓和钉连接有哪些构造要求？
4. 齿板连接有哪些构造要求？
5. 根据木结构施工图，独立完成料单制作。

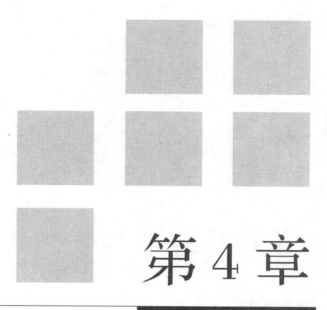

第 4 章

楼盖体系

学习重点：楼盖体系的主要结构构件包括梁、搁栅、楼面板材料等。根据具体木结构房屋的结构强度要求确定结构尺寸。本章较为详细地对楼盖体系的构造内容、结构要求、施工要求等进行了阐述。要求学生掌握楼盖体系的组成，地板梁、搁栅的构造与施工要求。

第七章

学习目标：1. 掌握楼盖体系的构件组成。

2. 了解地板梁的构造与施工要求。

3. 了解搁栅的构造与施工要求。

教学建议：结合多媒体教学或施工现场，增加学生对楼盖体系组成、地板梁、搁栅构造的直观印象。

本章概述：楼盖系统的构件包括梁、搁栅和楼面板材料，这些构件的选择是根据强度和刚度来确定的。根据强度要求（受荷载与所用材料的强度所控制）来确定构件尺寸；刚度要求则为了避免发生过度变形，限制振动和避免吊顶开裂。

楼盖系统的性能受多种因素影响，包括木材种类、等级、构件尺寸、构件间距、楼面板厚度及楼面板与搁栅之间的连接方法以及相邻构件间荷载分配程度。

楼盖搁栅尺寸需根据木材种类、等级、荷载条件、跨距和间距，通过工程计算来确定。

4.1　楼 盖 体 系

4.1.1　楼盖体系

楼盖体系一般包括以下结构构件：

（1）地梁板（经过防腐剂加压处理的规格材），通过螺栓锚固于基础墙顶部。

（2）垫片和填缝剂，用来填补地梁板和混凝土基础的接缝。

（3）楼盖搁栅（由规格材或工程木产品制成），支承于地梁板和梁上，并横跨建筑物宽度。

（4）组合梁（由规格材或工程木产品组合制成），在基础墙之间支承楼盖搁栅。

（5）与楼盖搁栅垂直的封头搁栅（规格材或工程木产品制成），用来固定搁栅端部，并支承于地梁板上。

（6）由规格材制成的木底撑，剪刀撑或搁栅横撑，在支座间将搁栅连接起来。

（7）由木基结构板材制成的楼面板，其长度方向与搁栅垂直，宽度方向拼缝，与搁栅平行并相互错开，楼板拼缝处应位于搁栅上。

4.1.2　楼盖体系之间连接方式

图 4-1 所示阿拉伯数字如下所述：

（1）1 表示楼盖搁栅与地梁板和梁为斜向钉连接。

（2）2 表示木底撑与楼盖搁栅下侧用钉连接。

（3）3 表示剪刀撑与楼盖搁栅用钉连接。

（4）4 表示楼面板与楼盖搁栅用钉连接或螺栓连接并用胶粘接。

（5）5 表示封头搁栅与搁栅末端垂直钉连接。

（6）6 表示封头搁栅和搁栅端部与地梁板斜向钉连接。

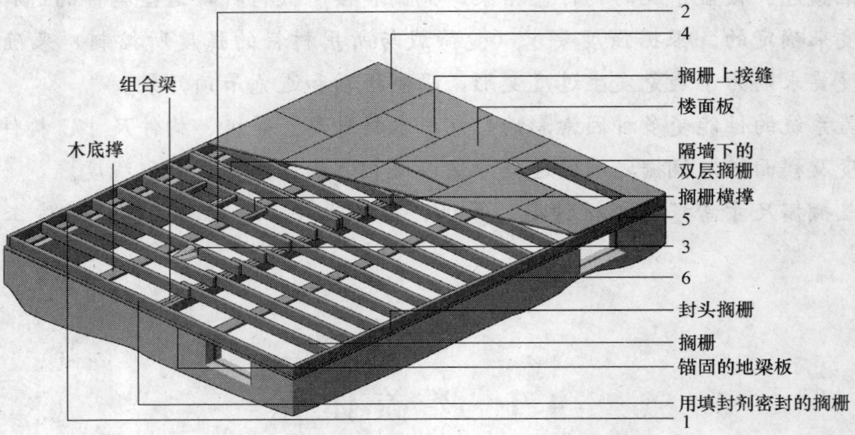

图 4-1　典型楼盖体系剖视图

标注文字：2、4、搁栅上接缝、楼面板、隔墙下的双层搁栅、搁栅横撑、5、3、6、封头搁栅、搁栅、锚固的地梁板、用填封剂密封的搁栅、1、组合梁、木底撑

4.2　地梁板的施工与构造

4.2.1　概述

楼盖系统必须锚固在基础上以抵抗由风和地震引起的上拔力和侧向力。底层楼盖搁栅通过地梁板和螺栓锚固在基础上，以提供更坚实的锚固。

地梁板除了起锚固作用，还能支撑楼盖搁栅和封头搁栅并将楼盖荷载传至基础墙上。承受楼面荷载的地梁板截面不得小于 40mm×90mm（图 4-2 中 38mm×89mm 表示计算尺寸），当地梁板直接放置在条形基础的顶面时，地梁板和基础顶面的缝隙间应填充密封材料。

另外直接安装在基础顶面的地梁板应经过防护剂加压处理，用直径不小于 12mm，间距不大于 2m 的锚栓与基础锚固，每根地梁板两端应各有一根锚栓，端距为 100～300mm。锚栓埋入基础深度不小于 300mm。如图 4-2 所示。

4.2.2　地梁板的安装

（1）使用填塞剂进行密封，有时候也建议使用密封片以助密封，并防止基础和地梁板之间潮气流动。

（2）地梁板上钻孔尺寸应比设计尺寸大 3mm，以便调整地梁板。垫圈的尺寸应该足够大，以确保与木材的良好接触。

（3）安装地梁板应平直，并符合建筑物特定尺寸。板边是与基础边齐平还是退进，取决于外装饰和设计要求。

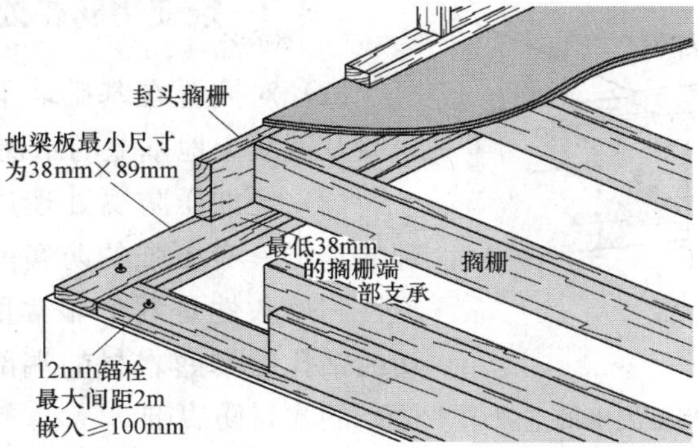

图 4-2　楼盖系统锚固

4.3　防　　腐

4.3.1　概述

木材的腐朽，系受木腐菌侵害所致。木腐菌主要依赖潮湿的环境而得以生存与发展，凡是在结构构造上封闭的部位以及易经常受潮的场所，其木构件无不受木腐菌的侵害，严重者甚至会发生木结构坍塌事故。与此相反，若木结构所处的环境通风干燥良好，其木构件的使用年限，即使已逾百年，仍然可保持完好无损的状态。因此，为防止木结构腐朽，首先应采用既经济，又有效的构造措施。只有在采取构造措施后仍有可能遭受菌害的结构或部位，才需用防腐剂进行处理。建筑木结构构造上的防腐措施，主要是通风与防潮。

4.3.2　通风与防潮构造措施

（1）建筑物室内外地坪高差不得小于 300mm，无地下室的底层木楼板必须架空，并应有通风防潮措施。

（2）在易遭虫害的地方，木结构底部与室外地坪的高差不得小于 450mm。

（3）当轻型木结构构件底部距架空层下地坪的净距小于 150mm 时，构件应采用经过防腐防虫处理的木材，或在地坪上铺设防潮层（例如聚乙烯薄膜等）。

（4）当楼盖搁栅端头放置于混凝土墙体凹槽中时，则应确保端头和两侧必须保持最少 12.7mm 的空间（规范是 20mm），防止木构件和混凝土接触并保持空气的流通性，并且空隙之间不得填充保温材料或气密材料阻塞。如图 4-3 所示。

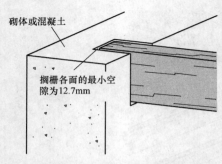

砌体或混凝土

搁栅各面的最小空
隙为12.7mm

图4-3　混凝土内搁栅周围的空隙

4.3.3　须使用防腐处理的木材的施工要点

（1）对搁置在基础墙上或基础墙预留槽内的木梁及混凝土地基上的木柱须经防腐处理。

（2）经加压防腐处理过的木材比未经加压处理的木材具有更强的防腐能力。化学防腐剂的渗透性和持久性是两个非常重要的考虑因素。在锯切或钻孔后暴露木材的端部和孔洞，至少加两层适当的木材防腐剂。

（3）对容易遭受虫害，尤其是白蚁侵袭的木材同样应进行防腐处理。

（4）木结构切割和钻孔的断面上，应用原来处理用的防护剂进行涂刷或喷涂。

4.4　楼　盖　梁

4.4.1　组合截面梁

当梁是由多根规格材用钉连接做成组合截面梁时，应符合下列要求：

（1）组合梁中单根规格材的对接应位于梁的支座上。

（2）组合截面梁为连续梁时，梁中单根规格材的对接位置应位于距支座1/4梁净跨附近的范围内；相邻的单根规格材不得在同一位置上对接，在同一截面上对接的规格材数量不得超过梁规格材总数的一半；任一根规格材在同一跨内不得有两个或两个以上的接头；边跨内不得对接。

（3）当组合截面梁采用40mm宽的规格材组成时，规格材之间应沿梁高采用等分布置的两排钉连接，钉长不得小于90mm，钉的中距不得大于450mm，钉的端距为100～150mm。

（4）当组合截面梁采用40mm宽的规格材以螺栓连接时，螺栓直径不得小于12mm，螺栓中距不得大于1.2m，螺栓端距不得大于600mm。

组合木梁正确的钉连接有助于使其成为单个组合木构件，而由几层未经正确连接的木材所制成的梁的强度要小于组合木构件的强度。

组合梁连接板的连接和紧固的最低要求如图4-4，图4-5所示。

4.4.2　连接

对结构构件包括板材构件和覆面板的连接，主要使用钉连接。

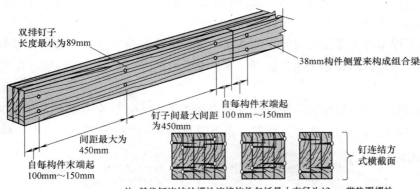

图 4-4　组合截面梁连接板连接

双排钉子
长度最小为89mm

38mm构件侧置来构成组合梁

自每构件末端起
100 mm～150mm

钉子间最大间距
为450mm

间距最大为
450mm

自每构件末端起
100mm～150mm

钉连结方
式横截面

注：替代钉连结的螺栓连接构件包括最小直径为12mm带垫圈螺栓、
中心最大间距1.2m，末端螺栓与构件末端的距离不得超过600mm。

图 4-5　组合截面梁的钉连接或螺栓连接

　　应保证至少有一半钉子长度钉进第二层构件，钉子顺纹理错开，并远离边缘，以防
止发生构件开裂。楼盖搁栅钉连接的最低要求见表 4-1。

楼盖搁栅钉连接的最低要求　　　　　　　　　　　　表 4-1

连接构件名称	最小钉长(mm)	钉的最少数量或最大间距
楼盖搁栅与墙体顶梁板或底梁板——斜向钉连接	80	2 颗
边框梁或封边板与墙体顶梁板或底梁板——斜向钉连接	60	150mm
楼盖搁栅木底撑或扁钢底撑与楼盖搁栅	60	2 颗
搁栅间剪刀撑	60	每端 2 颗
开孔周边双层封边梁或双层加强搁栅	80	300mm

连接构件名称	最小钉长（mm）	钉的最少数量或最大间距
木梁两侧附加托木与木梁	80	每根搁栅处2颗
搁栅与搁栅连接板	80	每端2颗
被切搁栅与开孔封头搁栅（沿开孔周边垂直钉连接）	80	5颗
	100	3颗
开孔处每根封头搁栅与封边搁栅的连接（沿开孔周边垂直钉连接）	80	5颗
	100	3颗

4.4.3 工程木结构楼盖系统

目前，工程木楼盖系统在取代实木搁栅系统方面越来越受欢迎。工字形木搁栅材质更统一均匀，重量轻，长度方面一般没有限制，易于安装。搁栅布置和施工安装原则与实木搁栅基本相同。

使用工程木的楼盖系统属于定制系统，楼盖设计必须根据项目的具体要求进行。楼盖布置图、工程数据及相关产品证书，属于验收时的必备文件，应该保存在现场以备检查时参考。

工字梁的布置安装与实木搁栅在许多方面类似，不过也会有其他特殊要求和内容。就工字梁安装过程中的一些普遍问题，以下通过图4-6进行说明，对图中一些构件的安

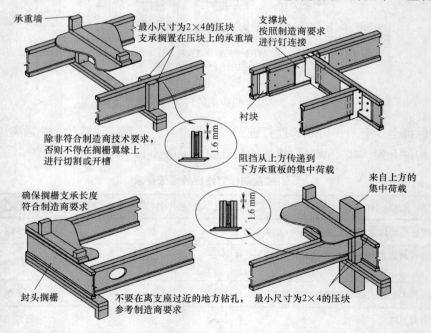

图 4-6 工程楼盖系统

装，应该提起特别注意。

（1）侧撑块：用于辅助支撑来自上方的集中荷载和承重墙荷载。

（2）腹板加强块：减少腹板变形，降低腹板在集中荷载下变形的可能性。

（3）横撑：在相邻工字梁腹板间加装的撑块，以分担荷载，增加刚度。

（4）端头撑：位于工字梁腹板，与另一工字梁的端头相交之处，增加支撑力。

（5）开孔尺寸和位置：在工字梁上开孔以供铺设电气线路、上下水管道和暖通管道。

4.5 搁 栅

楼盖搁栅可以由符合设计要求的规格材或工程木材制造。搁栅间距不得超过600mm。楼盖搁栅在支座上的搁置长度不得小于40mm。

4.5.1 木底撑、剪力撑和搁栅横撑

如图 4-7 所示。

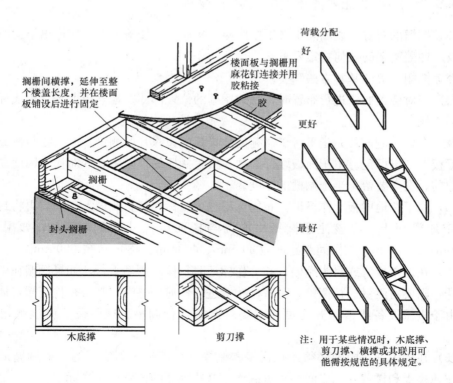

图 4-7 楼盖系统荷载分配

荷载分配指紧固楼盖构件以使楼盖系统形成一个整体，这样有助于荷载在搁栅间的分配并加强楼盖刚度。增加楼面板厚度也有助于将荷载从一搁栅传至另一搁栅。

木底撑指的是紧固在搁栅下侧的全长木条。木底撑尺寸一般不小于 20mm×65mm。

剪刀撑由成对的斜撑组成，斜撑在搁栅间彼此交叉；剪刀撑尺寸为 20mm×65mm 或 40mm×40mm。

搁栅横撑由填块组成，搁置在搁栅之间，并与搁栅垂直。搁栅横撑一般与搁栅具有同样规格。

当荷载分配要求使用木底撑、剪刀撑或搁栅横撑时，它们与支座或布置在其他排的构件的距离不得超过 2.1m。与剪刀撑或搁栅横撑同时使用的木底撑可提高楼盖性能，使之高于单独使用剪刀撑或搁栅横撑时的性能。增加木底撑与剪刀撑或搁栅横撑排数使得它们之间的距离小于 2.1m，可进一步增强楼盖性能。

成排的搁栅横撑、剪刀撑或木底撑应在楼盖长度上连续铺设，并且应在楼面板安装后用钉子或螺丝紧固到位。

搁栅下面的衬条用于支承修饰材料。20mm×90mm 规格的衬条间隔一般不超过 610mm。20mm×65mm 规格的衬条间隔一般不超过 406mm。使用衬条或者面板直接与楼盖搁栅相连时可以提高楼盖性能，此时可以不使用木底撑条。

4.5.2 楼盖搁栅布置的基本方法和要求

楼盖搁栅的布置及搁栅间距必须按照楼盖平面图，楼盖平面图应标出楼盖的开口位置以及对楼盖构架的任何特定要求。

楼盖搁栅布置的基本方法和要求是：

（1）当对楼盖搁栅进行布置时，每一搁栅的位置都标在地梁板上。直角线标于每根搁栅的一侧。

（2）布置时应该首先延平行于搁栅的地梁板的边缘开始测量，而后在与搁栅成直角的地梁板上加以标记。由于面板端部必须在楼盖搁栅的顶面中心处对接，因此在搁栅边作标记前，有必要留出半个搁栅的厚度。

（3）除了在地梁板上作标记，布局标记也可以标在封头搁栅上，随后再将封头搁栅斜钉于地梁板上。应该注意搁栅中心需与楼面板尺寸相配。例如，如果面板为 1200mm×2400mm，搁栅间距必须为 300mm、400mm、480mm 或 600mm。

（4）在地梁板（或封头搁栅）和梁作标记时须保证搁栅平行。如果搁栅在中间梁上相交迭，则要对测量进行调整。对搁栅布置进行任何调整时，都必须检查楼盖体系平面图。由于机械设备或楼盖开孔可能需要对搁栅进行调整。这些位置应该测定并加以标记。

（5）在楼盖开孔周围必须用双拼楼盖搁栅，直接位于隔墙下的楼盖搁栅最好也加倍。在地梁板和楼盖开孔之间要用短搁栅。这些搁栅的位置也应作标记。

（6）使用全长的卷尺进行测量比逐次进行间距测量更可取。这样可以提高精确性，避免产生累积误差。误差可能导致需要切短覆面板长度或在楼盖搁栅上增加木板条，无论怎样都将损耗大量时间。

（7）当搁栅由规格材制成时，必须通过目测检查每根搁栅沿长度方向的平整性，若搁栅沿长度方向有拱起，在安装时建议将拱起一边朝上，这些拱起部分在楼板受荷载作用下会自然受压变平整。

（8）在紧固楼面板前，搁栅可以临时在顶部加撑，以保证其笔直稳固。

（9）当使用双拼搁栅时，建议将钉子从有拱起的那根搁栅上用斜钉连接法钉入另一根搁栅，这样有助于两根搁栅的顶边平整。安装时建议将两根搁栅紧固，以增加总体强度。

4.6 支承内墙的楼盖搁栅

4.6.1 概述

一般来讲，位于搁栅上的非承重隔墙引起的附加荷载较小，不需要另外增加加强搁栅。但是，如果平行于搁栅的隔墙不位于搁栅上时，隔墙的附加荷载可能会引起楼面板的变形。在这种情况下，应在隔墙下搁栅间，按 1.2m 中心间距布置截面 40mm×90mm，长度为搁栅净距的填块，填块两端支承在搁栅上，并将隔墙荷载传至搁栅。

对于承重墙，墙下搁栅可能会超过设计承载力。当承重隔墙与搁栅平行时，承重隔墙应由下层承重墙体或梁承载。当承重墙与搁栅垂直时，如隔墙仅承担上部阁楼荷载，承载隔墙与支座的距离不应大于 900mm。如隔墙承载上部一层楼盖时，承重墙与支座的距离不应大于 600mm。如图 4-8 所示。

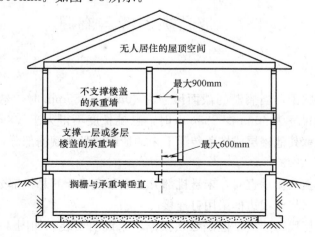

图 4-8 承重墙支撑

4.6.2 支承墙体的楼盖搁栅应符合的规定

（1）平行于搁栅的非承重墙，应位于搁栅或搁栅间的横撑上。横撑可用截面不小于
40mm×90mm（图4-9中38mm×89mm表示计算尺寸）的规格材，横撑间距不得大于
1.2m。如图4-9所示。

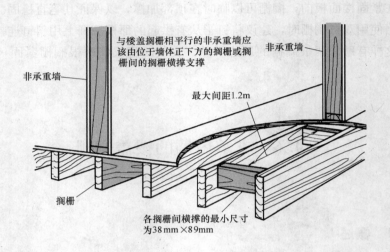

非承重墙

与楼盖搁栅相平行的非承重墙应
该由位于墙体正下方的搁栅或搁
栅间的搁栅横撑支撑

非承重墙

最大间距1.2m

搁栅

各搁栅间横撑的最小尺寸
为38mm×89mm

图4-9　非承重墙支撑

（2）平行于搁栅的承重内墙，不得支承于搁栅上，应支承于梁或墙上。

（3）垂直于搁栅的内墙，当为非承重墙时，距搁栅支座的距离不应大于900mm；
当为承重墙时，距搁栅支座不得大于600mm。超过上述规定时，搁栅尺寸应由计算
确定。

4.7　带悬挑的楼盖搁栅

带悬挑的楼盖搁栅，当搁栅的截面尺寸为40mm×185mm时，悬挑长度不得大于
400mm；当其截面尺寸为40mm×235mm时，悬挑长度不得大于600mm。所有超出这
些规定或者用来支承其他楼层或楼盖传递下来的荷载的悬挑搁栅部分，都要通过工程计
算来确定。

当悬挑搁栅与主搁栅垂直时，未悬挑部分长度不应小于其悬挑部分长度的6倍，并
应根据连接构造要求与双根边框梁用钉连接。

搁栅托架可以替代钉连接，但是必须根据厂家说明安装，如图4-10所示显示了与
悬挑相关的要求。

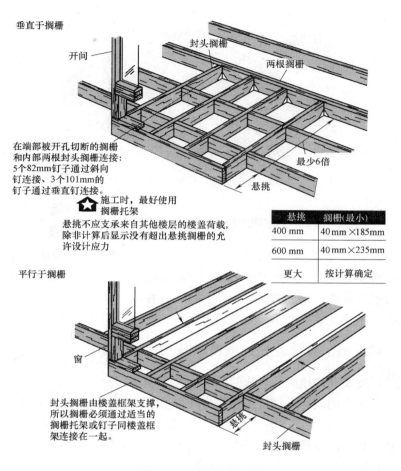

垂直于搁栅

开间

封头搁栅

两根搁栅

在端部被开孔切断的搁栅
和内部两根封头搁栅连接:
5个82mm钉子通过斜向
钉连接、3个101mm的
钉子通过垂直钉连接。

最少6倍

悬挑

★ 施工时,最好使用
搁栅托架

悬挑不应支承来自其他楼层的楼盖荷载,
除非计算后显示没有超出悬挑搁栅的允
许设计应力

悬挑	搁栅(最小)
400 mm	40 mm×185mm
600 mm	40 mm×235mm
更大	按计算确定

平行于搁栅

窗

悬挑

封头搁栅由楼盖框架支撑,
所以搁栅必须通过适当的
搁栅托架或钉子同楼盖框
架连接在一起。

封头搁栅

图 4-10 悬挑规范要求

4.8 楼面覆面板

4.8.1 概述

木基结构覆面板可以是软木胶合板或定向木片板(OSB)。这些覆面板在表层木纹理或木片长度方向上强度较高。

结构覆面板的尺寸不应小于 1.2m×2.4m。在边界、开孔处以及其他楼盖变化处,最多可以使用两块尺寸不小于 300mm 的板。

如图 4-11 所示,铺设木基结构覆面板材时,板材长度方向与搁栅长度方向垂直,宽度方向拼缝与搁栅平行并相互错开。楼板拼缝应连接在同一搁栅上,板与板之间应留

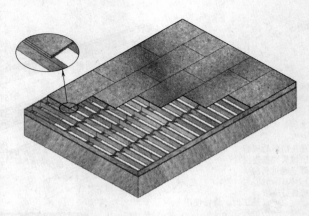

图 4-11 覆面板的铺设

有不小于 3mm 的空隙。以防由于下方的实木搁栅在发生干缩后，造成上方的覆面板互相接触挤压，而发出噪声。木搁栅的干缩，一般是由于在安装时含水率过高。如果能在安装时避免含水率过高，则无需太担心以上问题。另外，由于出厂时含水率已非常接近规定的含水率，木质工字梁的干缩问题较小。

4.8.2 楼面板的厚度及允许楼面活荷载的标准值

楼面板的厚度及允许楼面活荷载的标准值应符合表 4-2 的规定。注意表给出的楼面板材的生产标准生产的结构板材，包括结构胶合板和定向木片板。最小厚度是指板材的名义厚度。

应该注意，如果活荷载高于 2.5kN/m² 或如果存在集中活荷载，应对楼面板下的楼盖框架进行工程计算。

楼面板厚度及允许楼面活荷载标准值   表 4-2

最大搁栅间距(mm)	木基结构板的最小厚度(mm)	
	$q_k \leqslant 2.5kN/m^2$	$2.5kN/m^2 < q_k < 5.0kN/m^2$
400	15	15
500	15	18
600	18	22

4.8.3 楼面板加固

如果楼面板上方覆以混凝土层，建议对楼盖框架进行工程计算。

用于楼面板的木基结构板材一般在板的边缘用企口（T&G）连接，这使板和板之间能相互咬合并有助于分散楼面荷载。最好使用企口（T&G）连接的面板作为楼面板。在楼面板下方用实木横撑块是企口板的替代方法，但一般耗时更多，成本更高。

当楼面装修铺瓷砖时，最好增加楼面板的厚度以免瓷砖或水泥浆发生开裂。在楼面板上再覆盖一层结构板材可以将面板总厚度增至约 30mm。此层附加结构板材一般与楼面板垂直铺设。结构板材的接缝最好不要和楼面板的接缝重叠。

4.8.4　楼面板的固定

　　楼面板与楼盖搁栅用钉或螺栓固定并且也可能适当采用结构胶固定。但主要是利用钉连接的方式。楼面板钉接于搁栅上可以提高楼盖系统的强度和整体性。表 4-3 就是楼面覆面板对用钉的要求。

楼面覆面板对用钉的要求

表 4-3

连接板名称	连接件的最小长度（mm）				钉的最大间距
	普通圆钢钉或麻花钉	螺纹圆钉或麻花钉	屋面钉	U 型钉	
厚度小于 13mm 的石膏墙板	不允许	不允许	45	不允许	沿板边缘支座 150mm；沿板跨中支座 300mm
厚度小于 10mm 的木基结构板材	50	45	不允许	40	
厚度 10~20mm 的木基结构板材	50	45	不允许	50	
厚度大于 20mm 的木基结构板材	60	50	不允许	不允许	

　　注意暴露于潮湿环境下的钉子涂防锈层以免发生腐蚀。离板边缘 10mm 范围内，不能有任何钉子，钉子必须牢固地钉进框架构件内，但钉冠不能过分钉入面板内。

　　使用钉子时，应该确保：

　　（1）粗细不小于 1.6mm 以及钉冠不小于 9.5mm 的 U 型钉平行钉进框架。

　　（2）楼盖麻花钉直径至少 3.2mm。

　　按施工习惯，在使用麻花钉或钉子加以紧固前，在搁栅和楼面板之间使用适当的结构用胶将加强楼盖性能并提高刚度，有助于消除楼盖吱吱声。

4.9　楼盖开孔

4.9.1　楼面开孔或开缺口

　　使用工程木产品作为搁栅和梁时，任何开孔和开缺口都必须符合制造商的要求。在使用木制工字形搁栅时，搁栅上面已预留小孔，可以用来安装电线或小管道。

　　这并不适用于组合楼盖梁的开孔或开缺口。没有工程师计算认可的话，最好不要在组合梁上开缺口。当然如果只是电线和细的排水管线的话还问题不大。楼盖梁可能用于传递集中荷载，所以处理方式上必须尽可能保守。

　　为了给各种管道和其他设施留下通道，常常需要对楼盖部件开孔和开缺口。但是，如果操作不当，将会降低因受开孔或开缺口影响的梁和搁栅的强度和承载能力。

如图 4-12 所示显示了用规格材制造的楼盖构件的开孔和开缺口所规定的要求。

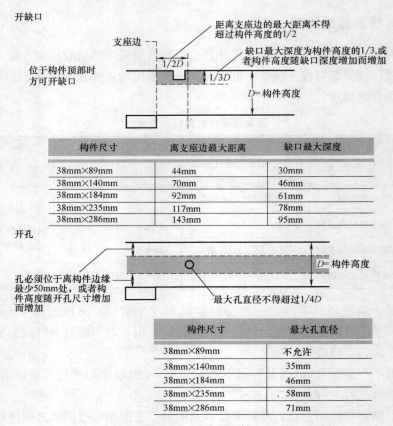

构件尺寸	离支座边最大距离	缺口最大深度
38mm×89mm	44mm	30mm
38mm×140mm	70mm	46mm
38mm×184mm	92mm	61mm
38mm×235mm	117mm	78mm
38mm×286mm	143mm	95mm

构件尺寸	最大孔直径
38mm×89mm	不允许
38mm×140mm	35mm
38mm×184mm	46mm
38mm×235mm	58mm
38mm×286mm	71mm

图 4-12　开孔和开缺口

4.9.2　楼盖开孔的构造要求

如图 4-13 所示。

（1）较大的楼盖开口必须进行加固。当开孔长在 1.2～3.2m，应用两根封头搁栅；当开孔长度超过 3.2m 时，封头格栅的尺寸应由计算确定。

（2）开孔周围与搁栅平行的封边搁栅，当封头搁栅长度超过 800mm 时，封边搁栅应为两根；当封头搁栅长度超过 2.0m 时，封边搁栅的截面尺寸应由计算确定。

（3）开孔周围的封头搁栅以及被开孔切断的搁栅，当依靠楼盖搁栅支承时，应选用合适的金属搁栅托架或采用正确的钉连接方式。

4.9.3　下沉卫生间楼面的施工实例

通常人们考虑到排水方便，避免卫生间的水溢流到其他房间，会将卫生间的地面做成下沉式（如图 4-14 所示）。下面结合工程实例介绍一下下沉式楼盖的施工过程。

下沉式楼盖的施工过程，类似楼梯的建造，①以 240mm 宽度双搁栅形成四个边框；②其中相对的两边将作为封头搁栅。接着，沿边框四周将 140mm 宽度边框搁栅与

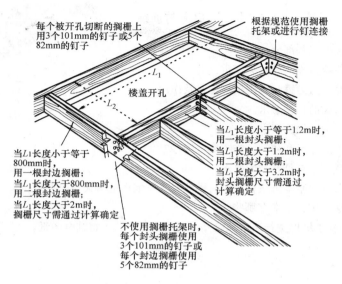

每个被开孔切断的搁栅上
用3个101mm的钉子或5个
82mm的钉子

根据规范使用搁栅
托架或进行钉连接

L_1

L_2

楼盖开孔

当L_1长度小于等于800mm时，
用一根封边搁栅；
当L_1长度大于800mm时，
用二根封边搁栅；
当L_1长度大于2m时，
搁栅尺寸需通过计算确定

当L_1长度小于等于1.2m时，
用一根封头搁栅；
当L_1长度大于1.2m时，
用二根封头搁栅；
当L_1长度大于3.2m时，
封头搁栅尺寸需通过
计算确定

不使用搁栅托架时，
每个封头搁栅使用
3个101mm的钉子或
每个封边搁栅使用
5个82mm的钉子

图4-13 楼盖体系开孔

较大尺寸（240mm）的边框相连接，然后在框架的宽度方向上铺设140mm搁栅（这样做是为了尽量减小搁栅的长度），这些搁栅的端头应通过搁栅梁托与140mm边框搁栅。一般情况下，此类搁栅为双搁栅，根据跨度和荷载不同，间距为300mm左右。最后，在搁栅上铺设结构覆面板。当然，下沉式楼盖应该满足相关规范的要求。

使用工字梁的工程木结构下沉式楼盖，与以上方法类似，设计和施工细节应由工程技术人员提供，以确保楼盖性能达到要求。此类下沉式楼盖的厚度受限于工字梁的出厂规格，即240～300mm之间，相差60mm。

实木规格材与工程木相比，在宽度上更具灵活性，标准宽度包括140mm、190mm和240mm，那么下沉式楼盖搁栅宽度可为50mm或100mm。实际上，只要属于实木规格材通过切割，能达到的任何宽度，都可以按设计使用。

还有一种选择，即在整体为工程木结构的楼盖中，使用实木搁栅建造下沉式楼盖。

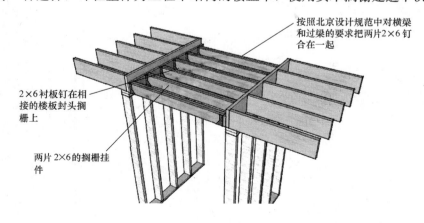

按照北京设计规范中对横梁
和过梁的要求把两片2×6钉
合在一起

2×6衬板钉在相
接的楼板封头搁
栅上

两片2×6的搁栅挂
件

图4-14 下沉楼板结构

思考与训练

1. 楼盖体系包括哪些部分?
2. 试述楼盖系统钉连接的相关规定。
3. 试述木底撑、剪力撑和搁栅横撑定义及作用。
4. 试述构造防腐的相关要求。
5. 试述楼盖开孔的构造要求。
6. 底层木楼盖的通风和防潮措施主要有哪些?
7. 楼盖组合截面梁有哪些技术要求?
8. 楼盖搁栅布置的基本方法和要求有哪些及支承墙体的搁栅有哪些规定?
9. 楼面覆面板的用钉要求有哪些?
10. 对木结构施工场地进行测量和放样,利用加工好的木料结合图纸,进行楼盖平台的拼装。

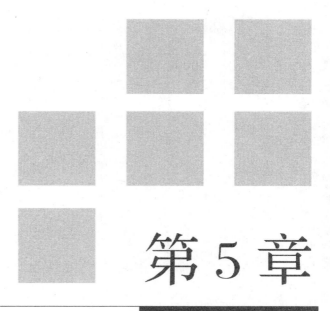

第 5 章

屋盖体系

学习重点：屋盖体系由桁架、椽条、屋面板、覆面材料、顶棚搁栅、顶棚板等组成。要求学生基本掌握屋盖体系的构成，对屋盖体系的构造要求有一定的了解，初步对屋面维护结构的施工等方面的相关知识有所认识。

学习目标：1. 掌握屋盖体系的构件组成。

2. 了解屋盖体系的构造要求。

3. 了解屋面维护结构的施工。

教学建议：结合多媒体教学或施工现场，增加学生对屋盖体系的构成、构造要求及屋面维护结构的施工等方面的直观印象。

本章概述：建筑物的屋盖可以保护房屋免受气候的影响木结构屋盖不但可以承受雪载和风载、排走雨水，并有助于控制房屋内外热量的流动。本章较为详细地对屋盖体系的构成、构造要求及屋面维护结构的施工等方面进行了阐述。

5.1　屋盖体系

5.1.1　屋盖体系

图 5-1 显示了 6 种可能的屋盖形状。双坡（山形）屋盖和四坡屋盖最为常见。设计复杂的大型房屋的屋顶可能由多种形状的屋盖组合而成。屋盖的形状经修改可以安装天窗。

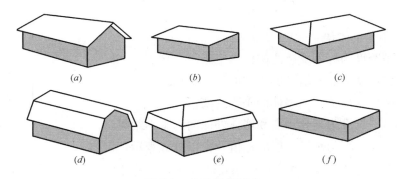

图 5-1　各种屋盖形式

（a）山形；（b）单面倾斜的屋顶；（c）四坡屋顶；（d）复折式屋顶；（e）折线形屋顶；（f）平屋顶

5.1.2　传统屋盖

1. 典型的由椽条和搁栅组成的屋盖体系包括的规格材构件（如图 5-2 所示）

椽条：横跨外墙与屋脊梁的椽条，通常倾斜并带有中间支撑以帮助荷载传递。

顶棚搁栅：横跨墙体的顶棚搁栅，一般用连接板连接或者搭接。

屋脊板：水平放置的屋脊板为椽条提供支撑，在屋脊板的连接处通常用支柱支撑。

椽条连杆：连接椽条的椽条连杆。

侧向支撑：椽条连杆的侧向支撑。

2. 椽条和顶棚搁栅与墙体顶梁板之间的连接要求（图 5-2 所示阿拉伯数字表示如下）

（1）1 表示顶棚搁栅端部与墙体顶梁板斜向钉连接。

（2）2 表示椽条（或桁架）与墙体顶梁板斜向钉连接。

（3）3 表示椽条与顶棚搁栅钉连接。

（4）4 表示椽条与屋脊板斜向钉连接或垂直钉连接。

（5）5 表示椽条拉杆与椽条钉连接。

（6）6 表示椽条拉杆侧向支撑与拉杆钉连接。

（7）7 表示顶棚搁栅在连接板或搭接处用钉连接。

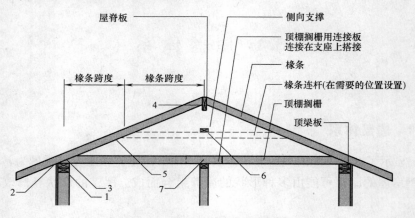

图 5-2 典型的椽条和搁栅系统

3. 屋盖结构的术语

（1）椽条跨度为椽条支座之间的水平距离。

（2）屋盖跨度为框架墙外侧之间的水平距离。

（3）总高度为屋盖高出墙体的垂直距离。

（4）总水平长度为屋脊顶点和墙体外侧间的水平距离。

（5）坡度为高度与水平长度的比值，常以分数表示，例如 1/3。

如图 5-3 所示为用屋脊和屋谷椽条建造的屋盖，屋脊和屋谷椽条在屋顶不同斜坡相

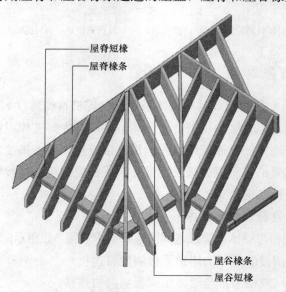

图 5-3 屋脊和屋谷椽条

汇处形成屋脊和屋谷。屋脊短椽和屋谷短椽条分别与其相应的墙体顶梁板以及屋脊和屋谷椽条形成一定的角度相交。

如图 5-4、图 5-5 所示为天窗及其山墙端部的几种构造形式。

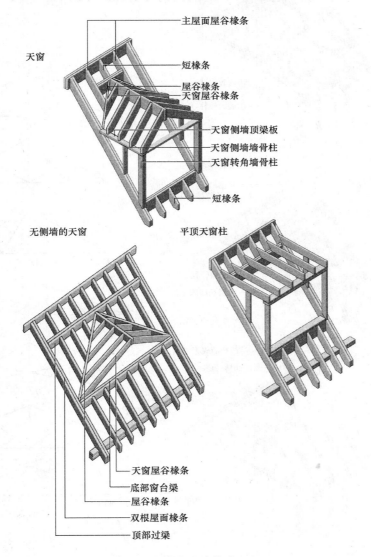

图 5-4　天窗和山墙构造（一）

5.1.3　传统屋盖桁架

预制木屋盖桁架的结构类型如图 5-6 所示。

屋盖体系包括以下几种（如图 5-7 所示）。

（1）双坡（山形）屋盖体系。

（2）梁式桁架和屋谷桁架体系。

（3）四坡屋盖体系。

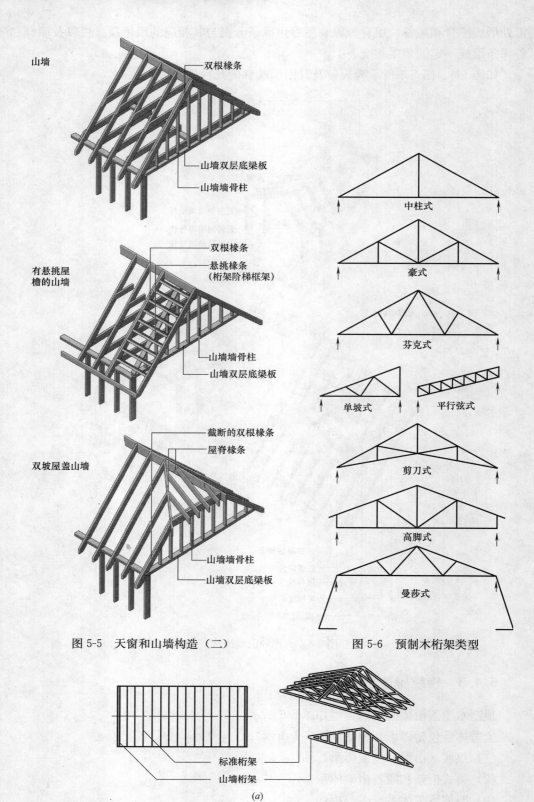

山墙
双根椽条
山墙双层底梁板
山墙墙骨柱

有悬挑屋檐的山墙
双根椽条
悬挑椽条
（桁架阶梯框架）
山墙墙骨柱
山墙双层底梁板

双坡屋盖山墙
截断的双根椽条
屋脊椽条
山墙墙骨柱
山墙双层底梁板

图 5-5　天窗和山墙构造（二）

中柱式

豪式

芬克式

单坡式　　平行弦式

剪刀式

高脚式

曼莎式

图 5-6　预制木桁架类型

标准桁架
山墙桁架

(a)

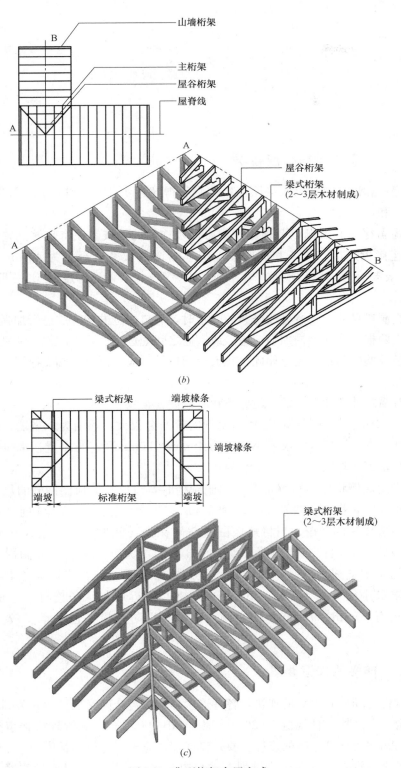

图 5-7　典型桁架布置方式

（a）双坡屋盖桁架体系；（b）梁式桁架和屋谷桁架体系；（c）回坡屋盖体系

5.2 屋盖的构造要求

5.2.1 轻型木结构构造要求

（1）檐口和山墙挑檐（水平距离）分别不得超过 1.200m 和 0.400m，屋面坡度必须在 1：12 和 1：1 之间。

（2）屋盖椽条和搁栅以及顶棚搁栅必须是连续的，或者在有足够搁置长度的竖向支座处用连接板连接。椽条和搁栅在支座上的搁置长度应至少为 40mm。由于屋脊和屋谷椽条要承受短椽条所产生的附加荷载，其截面高度应比一般椽条至少高 50mm。

（3）当洞口尺寸大于搁栅或椽条的间距时，洞口周围的构件应进行加强。方法是在洞口两侧用两根椽条和搁栅加强。椽条或搁栅之间的过梁也要用两根，特别是当洞口宽度大于椽条或搁栅间距时更应如此。在天窗洞口处，应在洞口两端支撑屋盖椽条处用两根过梁加强。

（4）对横跨外墙和屋脊的普通椽条和屋盖搁栅，除非它们有中间支座（矮墙或者撑杆），否则用于承受屋面荷载的椽条与搁栅的截面会很大。矮墙为承重墙，通常与斜屋盖下的搁栅垂直。撑杆（建议最小尺寸为 40mm×90mm）应与搁置在承重隔墙上的顶棚搁栅连接，撑杆与搁栅的夹角至少为 45°。

（5）当用矮墙将屋面荷载传递至顶棚搁栅时，建议增加顶棚搁栅的尺寸。当屋面坡度大于 1/4 时，搁栅高度应至少增加 25mm；当屋面坡度小于 1/4 时，可从屋盖搁栅跨度表中选择顶棚搁栅。当将矮墙围成空间作为房间使用时，建议在支承矮墙的搁栅之间设置实心填块。当屋面坡度为 1/3 或者更大时，使用顶棚搁栅和椽条连杆作为椽条的中间支撑，以减小椽条和屋盖搁栅的跨度。应在跨度大于 2.4m 的椽条连杆（要求最小尺寸为 40mm×90mm）的中心附近用与椽条连杆垂直的板条（要求最小尺寸为 20mm×90mm）作为侧向支撑，以防止椽条连杆承受较大荷载而发生屈曲。

5.2.2 连接的构造要求

结构构件之间应有可靠的连接，各种连接件均应符合国家现行的有关标准，进口连接件应符合《木结构设计规范》（2005 年版）GB 50005—2003 管理机构审查认可的标准。轻型结构屋盖构件之间的连接主要是钉连接，应至少将钉子长度的一半钉入第二根构件。钉子必须沿木纹方向交错排列，并与边缘保持一定距离以避免裂缝的产生。表 5-1 介绍了屋盖框架构件间钉连接的最低要求。

屋盖框架钉连接的最低要求 表 5-1

连接构件名称	最小钉长度（mm）	钉的最少数量
顶棚搁栅与墙体顶梁板斜向钉连接	80	2
屋盖椽条、桁架或搁栅与墙体顶梁板斜向钉连接	80	3
使用连接板连接椽条与顶棚搁栅	100	2
椽条与搁栅（屋脊板有支座）	80	3
两侧椽条在屋脊通过连接板连接，连接板与每根椽条的连接	60	4
椽条与屋脊板垂直钉连接	80	2
椽条与屋脊板以斜向钉连接	60	4
椽条连杆每端与椽条	80	3
椽条连杆侧向支撑与椽条连杆	60	2
短椽条与屋脊或屋谷椽条钉连接	80	2
椽条撑杆与椽条钉连接	80	3
椽条撑杆与承重墙斜向钉连接	80	2

5.3 桁架安装

5.3.1 概述

由金属板连接的木结构屋盖桁架，通常是由桁架制造商，使用专业工程设计软件，经设计计算而成的专利产品，并同时符合国家规范《轻型木桁架技术规范》JGJ/T 265—2012 的要求。

针对具体的设计施工要求，桁架制造厂家会提供一套有关施工图、桁架安装图和支撑设计的文件及证书，以及其他有关安装和支撑的指导性资料。

应按照规范和制造厂的设计要求，进行桁架安装施工。规范《轻型木桁架技术规范》JGJ/T 265—2012 对最大允许偏差提出了要求。构件弓弯变形，不允许超过 $L/200$（L＝跨度或桁架构件长度，以 mm 计）或 50mm；垂直度偏差，从桁架顶端至底部，不允许超过 $D/50$（D＝桁架总高度）或 50mm。桁架在支座的位置，其偏差应不大于设计值 6mm。

5.3.2 木桁架的吊装及临时支撑

木桁架为易损建筑构件，操作不当会导致桁架严重损坏。损坏最常发生的情况是：以不当方式吊装和加载。

对于跨度小于 6m 的较小桁架，可以用单吊点进行吊装。跨度长达 9m 的桁架应该至少用两点吊装，吊点间距大约为桁架跨度的一半。吊装桁架的缆绳的角度不应超过 60°，以减少桁架发生屈曲的可能性。吊装跨度达 18m 的桁架，应使用撑杆和短缆绳来分散桁架荷载。对于跨度更大的桁架，应使用重型吊装设备和加强撑架来吊装。

应使用拉索以避免因桁架摇摆而引起结构损坏。

待桁架就位，应铺设屋面板以避免上弦杆发生平面外失稳。当不能马上铺设屋面板时，需要在屋脊处加临时支撑，临时支撑的间距为2.4m。

为不干扰屋面板安装，临时支撑如果条件允许，最好安装于桁架上弦杆的下方。如果临时支撑置于上弦杆上方时，最好从离开椽条下端大约3m处向上设置，然后在铺设好最外侧两排屋面板时拆除。

5.3.3 填块与连接件

在墙体顶梁板上方与桁架之间安放实心填块，在强风地区更是如此。将填块与桁架下弦杆斜向钉连接或垂直钉连接，以提供侧向支撑。另外，将填块与墙体顶梁板斜向钉连接，以加强墙体和屋盖间的连接。图5-8表示了这种连接方式，同时也介绍了一种金属连接件的使用方法。

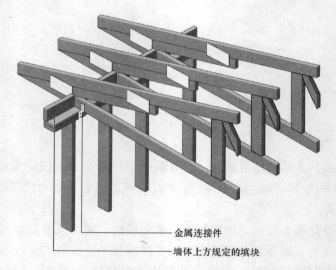

金属连接件

墙体上方规定的填块

图 5-8　填块和连接件

5.4　屋　面　板

5.4.1　概述

屋面板强度必须足以承受积雪、屋面材料以及在施工和维修时的荷载。用作屋面板的木基结构板材可为针叶木胶合板或定向木片板（OSB）。这些面板在沿表层木纹或木片的方向，即长度方向强度较高。

木基结构板材的尺寸不得小于 1.2m×2.4m。在邻近边界处、开口和其他框架变化处，允许使用宽度不小于 300mm 的面板，但不得超过两块。

在安装屋面板时，屋面板的表面木纹方向应与椽条、屋面搁栅或桁架弦杆垂直，而且屋面板之间的接缝应与这些构件平行，并且交错布置，这些施工方法非常重要。

见表 5-2，表 5-3。

不上人屋顶的屋面板厚度　　　　　　表 5-2

支承板的间距(mm)	木基结构板最小厚度(mm)	
	恒载≤0.3kN/m² 活荷载≤2.0kN/m²	0.3kN/m²≤恒载≤1.3kN/m² 活荷载≤2.0kN/m²
400	9	11
500	9	11
600	12	12

注：当恒荷载标准值 G_K>1.3kN/m² 或活荷载标准值 S_K>2.0kN/m² 时，轻型木结构的构件及连接不能按构造设计，而应通过计算进行设计。

上人屋顶的屋面板厚度　　　　　　表 5-3

支承板的间距(mm)	木基结构板最小厚度(mm)	
	静荷载≤2.5kN/m²	2.5kN/m²≤静荷载≤5kN/m²
400	15	15
500	15	18
600	18	22

5.4.2　屋面板连接要求

在安装屋面板时，应交错布置垂直于屋脊的屋面板接缝。在搁栅间平行于屋脊的较长屋面板接缝用 H 型金属夹连接。见表 5-4。

屋面覆面板紧固件要求　　　　　　表 5-4

连接面板名称	连接件最小长度(mm)				钉的最大间距
	普通圆钢钉或麻花钉	螺纹圆钉或螺麻花钉	屋面钉	U 型钉	
厚度小于 13mm 的石膏墙板	不允许	不允许	45	不允许	沿板边缘支座 150mm；沿板跨中支座 300mm
厚度小于 10mm 的木基结构板材	50	45	不允许	40	
厚度 10~20mm 的木基结构板材	50	45	不允许	50	
厚度大于 20mm 的木基结构板材	60	50	不允许	不允许	

注：长期暴露于潮湿环境下的钉应有防护涂层以免发生腐蚀。另外钉子离面板边缘应不小于 10mm。钉应牢固地钉入框架构件，但钉头不应过度地钉入屋面板内。

5.5 开槽和通风

5.5.1 概述

除非桁架设计中已作特别规定，规范要求不得随意在桁架构件上开槽钻孔，或留有切口。对传统屋盖构件，其开槽钻孔或切口要求与第4章中楼盖构件的开槽钻孔或切口要求相同。钻孔直径应不超过椽条或搁栅截面高度的1/4。钻孔位置应在离构件端头支承点50mm内。搁栅开槽位置只应在搁栅顶部，离端头支承点的距离不能超过构件截面高度的1/2。开槽深度不应超过构件截面高度的1/3。

5.5.2 通风

屋顶和阁楼应有良好的通风，以去除因湿气而导致的任何腐朽。在冬季，尤其是在较冷的气候条件下，从房屋吊顶进入较冷的阁楼空间的温热湿气可能会在椽条或屋面板表面产生冷凝。此外，在夏季，过多的热量会在屋顶空间积聚。足够的通风可以消除这两种气候条件的影响。

传统上通风式屋盖建于较凉爽的气候中，如北京地区。而非通风式屋盖，阁楼空气经空调处理，一般建议在湿热气候中使用，如中国南方地区。在混合气候条件下的上海地区，通风和非通风屋盖均有使用，但由于传统习惯，设计施工人员更熟悉通风式屋盖。在非高温高湿度气候条件下，建议不要采用阁楼和屋顶通风。

通风措施有很多种，包括设置屋檐通风口、沿屋脊通风口、山墙端面通风口或者屋顶通风口。无机械控制的通风可使风流过阁楼和屋顶空间，以提供必要的空气流通。由电力或风力驱动的机械通风更有助于风的流通。

自然通风或无机械控制的通风，传统上用于坡屋顶，通风口面积之和应不少于经保温处理屋顶面积的1：300。

通风措施可以选择多种方式的组合，但是应该：

（1）位于屋盖的顶部和底部。

（2）在建筑物各对应面均匀分布。

（3）防止雨、雪和昆虫的侵入。

坡度较小的屋盖由于难于有效地通风，因此需要更多的通风口。对坡度小于1：6的屋盖，建议通风口面积比应超过1：150。

屋檐通风尤其重要，因为它可使空气通过阁楼从建筑物一侧流向另一侧，并在阁楼空间内形成正气压。屋盖顶部本身的通风通常产生负压，使更多的空气从房屋内部进入阁楼。理想情况下，檐下通风口面积应超过屋面通风口面积，但不应超过总通风口面积的 75%。屋面通风口总面积不应超过通风口总面积的 60%。

5.6　屋面维护结构的施工

5.6.1　概述

屋面维护材料是防止下方的木质屋面构件和整个木结构建筑发生雨水渗漏，包括对潮湿敏感的石膏板和保温隔热材料的保护。

屋面维护材料产品品质低劣、施工不当、检查维护不及时，以及屋面材料在其使用期内没有定期保养和更换，都是造成木结构建筑雨水或雪水渗漏的主要原因。

自然环境也是引起渗漏问题的重要原因，比如：连绵不断的大雨、水平吹送雨水的持续强风、可能会使冰块集结并渗入屋顶表面下的冰点温度。

5.6.2　防水卷材的施工构造要求

防水卷材是屋面的第二道防水防线，防水卷材通常分有机和合成两种。在多雨和强风或者冬天有结冰现象的地区，以及屋顶坡度小于 1∶4 时，使用防水卷材尤其重要。垫层材料的选择应符合屋盖设计要求，以避免潮气滞留在屋盖内。此外，垫层材料还应符合屋面材料或产品要求。例如，混凝土或黏土屋面瓦需要的薄膜应具有抗撕裂性和非渗水性。

防水卷材施工要求：第一层卷材薄膜应使用钉子、U 形钉或以自粘方式从屋檐处开始进行安装。如果没有带滴水槽的泛水板，卷材薄膜边缘应在屋面边缘外伸出 8～15mm，具体距离取决于屋面产品类型；如果带有滴水槽泛水板，则应确保防水薄膜边缘与屋面檐口边缘平齐。每一层都应与上一层搭接至少 100mm，直到整个屋顶都被覆盖。屋顶坡谷和屋脊交接处也应有搭接。在屋顶坡谷处，搭接薄膜应延伸至坡谷中心线以外至少 500mm。当屋顶与垂直墙体相交时，薄膜应在墙体上向上延伸至少 100mm。

在使用沥青或普通屋面瓦时，沿屋顶边缘安装金属屋檐泛水板，一直延伸至山墙。用以支撑屋面瓦挑出部分，并有利于水从屋顶流下排走，最大限度地降低水通过毛细作用进入屋面瓦下面的可能。檐槽泛水板为 L 形、铝或镀锌钢制作而成，下缘有滴水槽并与屋面结构覆面板钉连，在檐口处突出约 40mm，将雨水导流并远离封檐板。用同样材料的屋面钉沿上边缘按 200～250mm 中心间距钉牢。接缝处应有 50mm 的搭接。铺设屋面防水卷材时，应一直铺设到 L 形泛水板上方，并延伸至泛水板向下弯折处，即檐口边缘。根据屋面瓦材料不同，应将屋瓦铺设至超出檐口约 10mm。

5.6.3 屋顶泛水板的施工构造要求

1. 需要安装屋顶泛水板的位置

(1) 屋顶坡谷：两个屋顶表面相交形成坡谷的接合处。

(2) 外墙：外墙和屋顶表面相交的接合处。

(3) 烟囱：烟囱和屋顶表面相交的接合处。

(4) 屋顶开口：穿过屋顶组件、用于通气竖管、屋顶通风设备、天窗、灯管等的开口。

(5) 沿整个檐口包括山墙檐口，使用带滴水槽的泛水板。

另外坡屋顶与墙或烟囱交接处，应安装马鞍形泛水板。

2. 开放式屋顶坡谷泛水板的施工要点

开放式方法使泛水板暴露在外，可与沥青和其他类型屋面瓦、屋面瓦片和金属屋面材料结合使用。用作屋顶坡谷泛水板的材料可以是金属，也可以是两层卷材类屋面产品。在安装坡谷泛水板之前，在整个屋面结构覆面板上应铺设一层防水薄膜。

金属薄板用作屋顶坡谷泛水板时，泛水板宽度必须至少为 600mm（坡谷每侧为 300mm）。应对金属泛水板仔细按压成型，以形成坡谷形状。用抗腐蚀处理钉紧固，钉子靠近外部边缘。应用适当数量的钉子将泛水板固定到位。为增强保护，薄膜通常安装于金属泛水板之下。薄膜延伸范围应超出泛水板宽度之外。

将屋面卷材产品用作坡谷泛水板时，应安装两层。第一层应当位于坡谷中央，宽度至少为 460mm，按大约 450mm 的距离用钉子紧固，并且沿泛水板每侧边缘在宽度为 100mm 的范围内使用防水粘合剂。最上面一层应沿坡谷中央铺设，宽度至少为 915mm，紧固钉应足以将薄膜固定在位，直到铺设屋面瓦。

如果沥青面层卷材产品用作泛水板，则底层应为表面光滑的卷材产品或使用矿料面层，但矿料面朝下。

如图 5-9 所示。

3. 外墙泛水板的施工构造要求

如果外墙装饰材料不是砌体，并且与屋脊呈直角（边墙：墙体底部倾斜），则泛水板必须在覆面薄膜之后至少 75mm 处。泛水板还必须沿屋顶表面延伸至少 75mm（如图 5-10 所示）。

金属泛水板宽度至少为 200mm（如非采购规格，则应切割后达到），并且在中心处呈直角弯曲，这样泛水板便可在墙体上铺设大约 100～125mm、在屋顶上铺设 75～100mm。泛水板长度应至少超过屋面瓦宽度 75mm。此类金属薄板称为阶梯形泛水板。

屋面材料和阶梯形泛水板在墙体终饰之前、防水卷材铺设之后安装。第一块阶梯形泛水板应该位于第一道起始屋面瓦之上（紧邻墙体），底部边缘与檐槽平齐。阶梯形泛水板应在上角和外角处用钉。第一道普通屋面瓦安装在泛水板之上。不应将屋面瓦紧固件钉入泛水板。

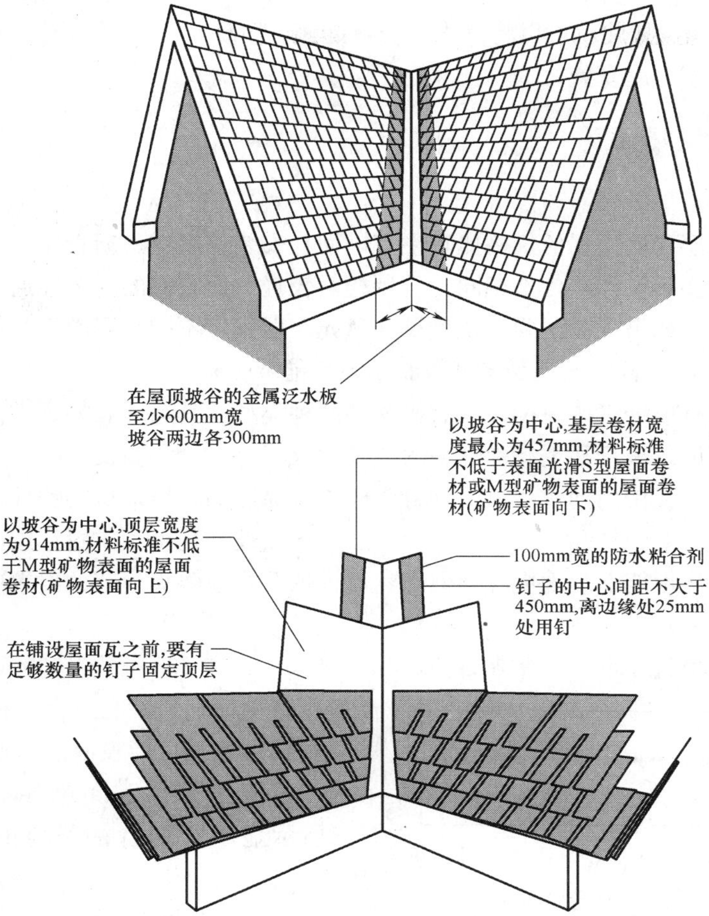

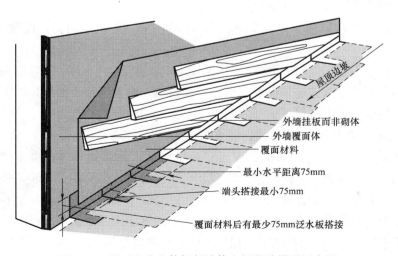

在屋顶坡谷的金属泛水板
至少600mm宽
坡谷两边各300mm

以坡谷为中心,基层卷材宽
度最小为457mm,材料标准
不低于表面光滑S型屋面卷
材或M型矿物表面的屋面卷
材(矿物表面向下)

以坡谷为中心,顶层宽度
为914mm,材料标准不低
于M型矿物表面的屋面
卷材(矿物表面向上)

100mm宽的防水粘合剂

钉子的中心间距不大于
450mm,离边缘处25mm
处用钉

在铺设屋面瓦之前,要有
足够数量的钉子固定顶层

图 5-9 开放式屋顶坡谷泛水板

屋顶边坡

外墙挂板而非砌体

外墙覆面体

覆面材料

最小水平距离75mm

端头搭接最小75mm

覆面材料后有最少75mm泛水板搭接

图 5-10 屋面和非砌体倾斜墙体之间的阶梯形泛水板

第二道泛水板的底部覆盖首道屋面瓦的靠上部分，使泛水板底部高出下道屋面瓦底部边缘大约 12mm，如此就可以将泛水板隐蔽起来。阶梯形泛水板和屋面瓦以这种搭接方式连续铺设，直至屋脊处。

5.6.4 沥青屋面瓦

1. 概述

相对而言，沥青屋面瓦的价格比较便宜，而且安装速度快。沥青屋面瓦的形状、重量及色彩（包括多彩设计）各不相同，重量相对较轻，而它们的耐久性通常取决于屋面瓦单位面积重量。如果安装正确，视质量和日光照射程度不同，屋面瓦的使用寿命可达 20～40 年。另外，沥青屋面瓦受紫外线影响，性能会下降。

沥青屋面瓦有玻纤（矿料类）和有机材料两种类型，其尺寸和外观类似，安装方式也相同。一般来说，玻纤瓦更有弹性、耐久及耐火。不过会稍微贵一些。

有机沥青屋面瓦使用沥青浸渍、沥青陶瓷混合涂层的重纸板材料。玻璃纤维沥青屋面瓦使用沥青陶瓷混合物和玻璃纤维双面涂层。虽然玻纤瓦由于矿料涂层的原因，要比普通沥青瓦在燃烧性能上表现更好，但仍然应该依照当地防火规范的要求决定需要使用的屋面材料。

沥青屋面瓦呈长方形，通常制成 310mm×915mm 和 335mm×1000mm 两种尺寸。

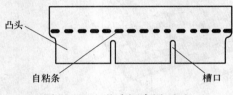

传统沥青屋面瓦通常有三个由槽口分隔的凸头，虽然屋面瓦可能没有明显凸头，或可能在凸头数目、形状和颜色各不相同。如图 5-11 所示显示了带自粘条的传统三凸头屋面瓦。

图 5-11 三凸头沥青屋面瓦

屋顶上每片屋面瓦都与其上一层的屋面瓦搭接，因此屋面瓦底部至多有 130mm 或 145mm 暴露在外部气候中。这种搭接方法使整个屋顶的屋面瓦都可以达到双层。

沥青屋面瓦通常以捆束形式销售，每捆 21 片或 26 片屋面瓦，覆盖大约 3m² 的屋面。

与坡度小于 1∶3 的屋顶相比，屋顶坡度等于或大于 1∶3 时，沥青屋面瓦的安装方法有所不同。坡度较大的屋顶需要双层屋面瓦覆盖，而坡度较小的屋顶则需要三层屋面瓦覆盖。小坡度屋顶上各层屋面瓦之间也需要更强的粘合。

2. 坡度等于或大于 1∶3 时的安装方法

在屋面板上正确安装泛水板并覆盖衬垫薄膜后，将起始条（长度至少为 300mm）安装到屋顶下方的屋檐上。起始条通常都是一层屋面瓦，凸头朝上安装，或者也可以是矿料涂层屋面卷材。起始条应当伸出封檐板边缘至少 12mm，以形成一个不接触下方屋面表层的垂檐。这种凸缘有助于防止水分通过毛细管作用回流至屋面瓦下方。

起始条以 300mm 的间距固定在檐口边缘。如果将屋面瓦作为起始条使用，则每块屋面瓦应当需要用钉四枚，其中一枚在屋面瓦末端。第一层屋面瓦沿檐口边与起始条对齐铺设，随后依序安装各层屋面瓦，应保留至少 50mm 的顶部距离（从屋面瓦底端边缘顺坡向下量起，到其下面第二道屋面瓦上端边缘的距离），以确保下层屋面瓦不会过度暴露。如图 5-12 所示。

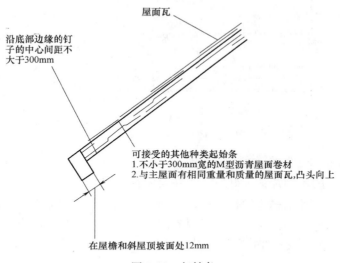

屋面瓦

沿底部边缘的钉子的中心间距不大于300mm

可接受的其他种类起始条
1. 不小于300mm宽的M型沥青屋面卷材
2. 与主屋面有相同重量和质量的屋面瓦,凸头向上

在屋檐和斜屋顶坡面处12mm

图 5-12　起始条

几道粉笔画线会有助于各层屋面瓦对齐，使突头与突头凹槽保持在一条直线上。这在外观上很重要，也可以显示出专业态度。有些施工人员还沿水平方向用粉笔画线，以确保后面的各层屋面瓦保持在水平线上。

对较长的屋顶而言，常见的做法是从屋顶中心开始铺设屋面瓦，以保持垂直方向对齐。较小的屋顶则通常从屋顶的边侧开始铺设。

用手工或电动钉枪将每块屋面瓦用屋面钉固定到屋面板上，后者可以调节以达到整齐一致的入钉效果。有些地区仍在使用电动 U 型钉机，但不建议使用这种 U 型钉，因为存在钉入屋面瓦表层深度不一的问题，从而导致质量不佳。

为避免出现翘曲，应当在距离刚刚铺设好的屋面瓦最近的地方用钉固定。钉子的位置应当距离屋面瓦各端 25~40mm 之间，距离突头间切口顶部至少 12mm。紧固件应当垂直安装（而不应当弯曲），钉头应当紧贴但不穿透屋面瓦表层。

普通沥青屋面瓦每张至少要使用四个屋面钉。普通沥青屋面瓦使用紧固件的钉头直径至少为 10mm，钉杆直径至少为 3mm。钉杆应当带有倒钩或表面粗糙，以确保有效的紧固效果。咬合式屋面瓦要求的用钉量可以较少。

屋面钉的选择与使用方法对确保屋顶的耐久性和有效性很重要。屋面钉应当具有防腐蚀性能（镀锌钢，不锈钢或是铝质），而且钉入屋面板的深度至少为 12mm。如图 5-13所示。

所有的屋面瓦凸头都必须用粘合剂加固。大多数沥青屋面瓦在制造时都带有自粘条，以固定上层屋面瓦的底面，并能在随后自行密封。如果屋面瓦不能自行密封，则必须用直径约为 25mm 的防水胶粘剂在每个凸头下方中心位置加以固定。咬合式屋面瓦

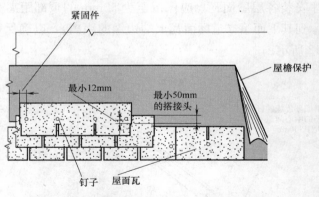

图 5-13　沥青屋面瓦的安装：坡度不小于 1∶3

则应当按照制造商的说明进行施工安装。

　　屋面其他部分的屋面瓦铺设好后，才在斜屋脊及屋脊处铺设。可以从整张屋面瓦中切割出成四方形的瓦片（每边的长度接近 300mm），并且略成锥形，这样就可以避免在安装时暴露重叠部分。铺设时，从斜屋脊底部或屋脊的一端开始，通常应位于主要风向的背风面。如图 5-14，图 5-15 所示。

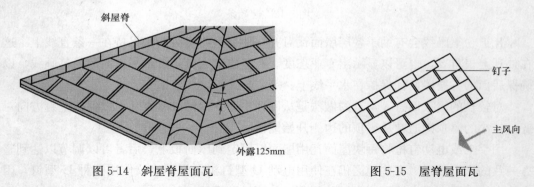

图 5-14　斜屋脊屋面瓦　　　　　　　　　图 5-15　屋脊屋面瓦

　　斜屋脊及屋脊屋面瓦必须至少超出屋顶接合处两侧各 100mm，而且必须重叠至少150mm，以防范风灾。紧固件必须安装在距底层屋面瓦边缘 25mm 以内，以及屋面瓦重叠部分的下面，这样才不会暴露紧固件。

　　3. 坡度小于 1∶3 时的安装方法

　　除了头两道屋面瓦以外，安装在小坡度屋顶（最小坡度）上的沥青屋面瓦必须在整个屋顶上铺设三层。起始条必须嵌于最小宽度为 200mm 的连续粘结剂中。应用锯齿状抹泥刀均匀涂抹粘合剂，涂抹量为 0.51kg/m^2（塑料水泥冷敷）或 1kg/m^2（沥青热敷）。

　　首道屋面瓦必须铺设在连续粘结剂中，宽度至少等同于屋面瓦暴露宽度外加100mm。随后几道屋面瓦必须铺设在宽度至少等同于屋面瓦暴露宽度外加 50mm 的连续粘结剂中。如图 5-16 所示。

　　安装在斜屋脊和屋脊处的屋面瓦必须至少有 300mm 宽，并且应有三层厚度。应从离边缘 25mm 处以水泥与屋脊粘合。紧固件与上面屋面瓦粗端之间的距离应至少为

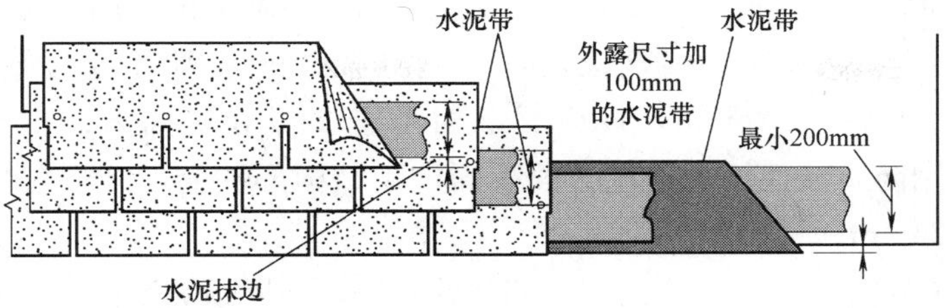

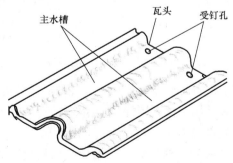

图 5-16 沥青屋面瓦的安装：坡度小于 1：3

40mm，离边缘 50mm。

5.6.5 普通屋面瓦

1. 概述

普通屋面瓦一般由混凝土或黏土制成，并有不同的外观设计和颜色。在世界各地的许多类型房屋中，这种瓦片以其富有吸引力的传统外观、出众的耐火性和耐久性而著称。人们越来越多地将其用于轻型木结构房屋中，作为沥青或其他类型传统屋面瓦的替代品。

在轻型木结构房屋上安装普通屋面瓦片必须满足建筑物对结构的要求，从而使建筑物结构具备抵抗重大地震荷载的能力。出于此原因，施工方法与刚度较大的传统结构建筑物有所不同。

屋面瓦片有各种外形和截面设计，以下显示的是普遍使用，并被证明颇为稳定有效的产品，当然前提是安装正确。

2. 安装

混凝土瓦片直接安装在铺设了木基结构覆面板的屋盖上。将较小的反向挂瓦条安装在与屋顶椽木或桁架弦杆上的覆面板（铺设有防水薄膜）上，作为衬垫，再将较大的水平挂瓦条安装在这些衬垫上面。

通常将防锈蚀钉从靠近瓦片端部的钉孔中钉入下面的挂瓦条以固定砖瓦。瓦片底部的突缘靠在挂瓦条上沿以获得支撑。瓦片的一边叠放在毗邻的另一边上，底部则与下一层砖瓦的顶部搭接。典型的水泥屋面瓦片如图 5-17 所示。

普通屋面瓦片的安装方法及泛水板细节与沥青屋面瓦大不相同。屋顶坡度小于 1：4 时，则不应使用水泥瓦片。

图 5-17 典型的水泥屋面瓦片

与沥青屋面瓦相同，防水层面薄膜安装在全部用木基覆面板覆盖的表面上，以利于排除任何可能渗入瓦片下面的雨水，保护木基覆面层。薄膜应当伸出屋檐至少 19mm。薄膜还应非常结实而不至于被撕裂。

　　用木基结构板材覆盖的屋顶要安装两组挂瓦条。有坡度的反向挂瓦条位置应在防水层薄膜之上，并与椽木或桁架直接对应。这类板条一般都是经过加压防腐处理的20mm×40mm（19mm×38mm）规格材，相当于2级和更高等级的云杉-松木-冷杉（SPF）板材，用防腐蚀性钉子透过覆面板固定到结构部件上，钉子在结构构件上的透入深度应该为25mm。

　　反向挂瓦条从第一排水平挂瓦条底部开始安装，顺屋顶坡度向上直到屋脊下。除了有特殊细节要求的屋顶坡谷和斜屋脊处，反向挂瓦条应该铺设于每个斜向屋顶构件上。使用反向挂瓦条的目的在于为防潮面层/薄膜与水平挂瓦条之间提供空间，以使渗透至瓦片以下的雨水能够顺利排出。

　　支撑砖瓦的水平挂瓦条安装在反向挂瓦条之上。这些砖瓦挂瓦条一般是经过处理的20mm×90mm（19mm×89mm）规格材，相当于2级或更高等级的云杉-松木-冷杉（SPF）板材，用防锈蚀钉子或其他经过认可的紧固件透过衬垫块和屋面板固定在结构构件上，入钉深度至少为25mm。挂瓦条在屋顶坡谷和斜屋脊处的铺设有特殊细节要求。

　　使用反向挂瓦条和普通水平挂瓦条，在瓦片与防水面层与薄膜之间造成了一个垫高空间，这一空间提高了瓦片下的通风效果，使对构件耐久性有害的水汽和潮气更易被去除。另外，这一空间还能提供一个空气保温层，从而提高屋盖系统的保温节能性能。如图5-18所示。

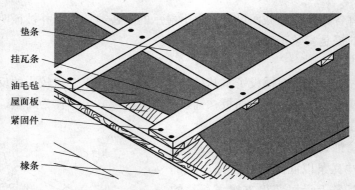

图 5-18　反向挂瓦条和普通水平挂瓦条

　　底部挂瓦条铺设后，瓦片的底边就可以伸出封檐板外侧至少40mm。顶部挂瓦条应当安装至用来保护屋脊瓦的屋脊板下方25mm处。挂瓦条之间应当间距均匀，并确保瓦片间至少重叠75mm。如图5-19所示显示出瓦片长度为431mm时的挂瓦条最大间距。

　　因为在檐口处，封檐板上缘高出覆面板基面，渗透到瓦片下面的水有可能汇集在屋顶底边（檐边）的防水面层/薄膜上。利于排水的措施有几种可供选择，可以降低发生这种情况的可能性。其中一种是沿水平方向将屋面板挑出封檐板边缘部分锯去（最多255mm），这样屋面板的边缘就搭置在封檐板顶部，并且与封檐板平齐。具体细节如图5-20所示。

　　经过特别设计的水泥瓦铺设于屋脊、斜屋脊和斜角上。屋脊和斜屋脊瓦用抗腐蚀紧固件固定到受钉垫块上，入钉深度至少为 20mm。安装在斜角（屋顶的斜边）处的瓦片直接钉在山墙封檐板的受钉块上，受钉块则固定在桁架上面。如图 5-21～图 5-23 所示，需要使用特殊粘合剂。

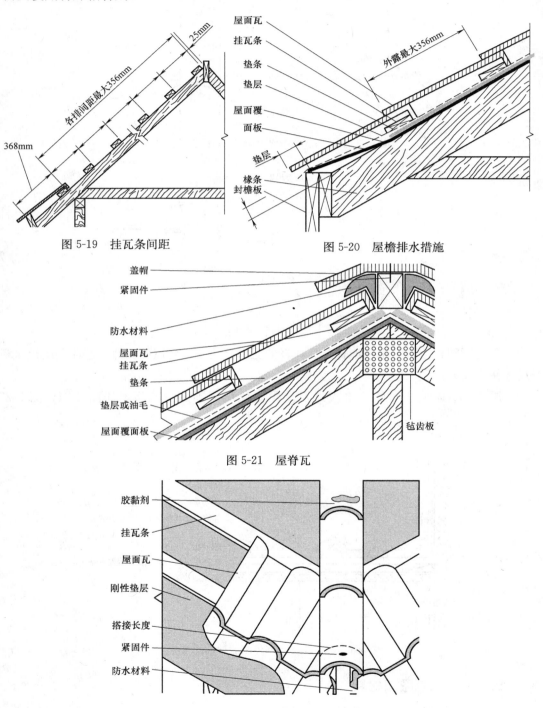

图 5-19　挂瓦条间距　　　　　　图 5-20　屋檐排水措施

图 5-21　屋脊瓦

图 5-22　斜屋脊瓦

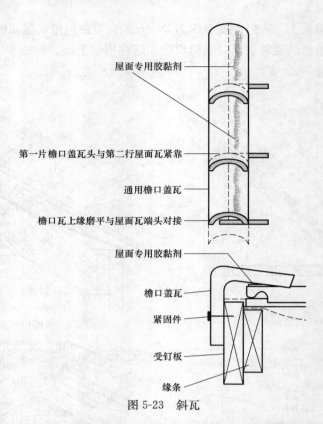

屋面专用胶黏剂

第一片檐口盖瓦头与第二行屋面瓦紧靠

通用檐口盖瓦

檐口瓦上缘磨平与屋面瓦端头对接

屋面专用胶黏剂

檐口盖瓦

紧固件

受钉板

缘条

图 5-23 斜瓦

尽管原则相近，与用于沥青屋面材料的泛水板相比，和屋面瓦片一起使用的泛水板尺寸往往更大，做工也更精细。

屋顶与墙体结合处的泛水板以及屋顶通风口周围的泛水板，如图 5-24，图 5-25 所示。

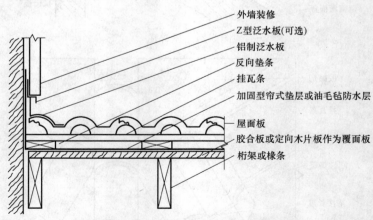

外墙装修
Z型泛水板(可选)
铝制泛水板
反向垫条
挂瓦条
加固型帘式垫层或油毛毡防水层
屋面板
胶合板或定向木片板作为覆面板
桁架或椽条

图 5-24 屋顶与墙体结合处的泛水板

5.6.6 其他屋面材料

还有许多其他屋面材料，包括金属板屋面材料、金属屋面瓦、木板瓦及木屋面瓦、

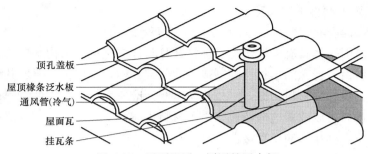

图 5-25 屋顶通风口周围的泛水板

混凝土屋面瓦、石板瓦、屋面卷材、热敷橡胶化沥青屋面材料、聚氯乙烯薄板屋面材料以及用骨料、沥青产品和薄膜做成的组合屋面层。

1. 金属板屋面材料

金属板屋面材料经久耐用，具有很高的防火及防水性能。金属屋面材料色彩多样，多数情况下均能够加强木结构房屋的外立面效果。因为使用金属屋面材料易于除雪，通常用于降雪量大的地区。

金属板屋面材料虽然是一种相对昂贵的屋面材料替代品，但考虑到耐久性及其他优点，在某些情况下确实是可行的替代品。不过，在这种屋面材料上行走会比较滑，尤其当屋顶潮湿以及屋顶坡度较陡的时候，而且如果处理不当，容易出现凹陷。

金属板屋面材料是一种专利产品，根据波纹轮廓设计，产品的宽度通常介于 765～915mm，长度则由设计或施工人员确定。制造商应该可以提供与屋面施工细节配套的，必要的零件，如屋脊、屋顶坡谷、屋檐和边沿等特殊屋面构件，另外，还应提供安装说明。

与水泥和黏土瓦一样，传统上金属板屋面材料安装在屋顶挂瓦条上，挂瓦条的规格为 20mm×90mm 或 40mm×90mm，最大间距为 400mm。金属板屋面材料则固定在这些挂瓦条上，每个端部接缝处下面都必须有支撑。

波纹金属屋面材料如图 5-26 所示。

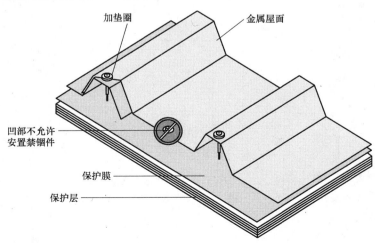

图 5-26 波纹金属屋面材料

2. 木板瓦及木制标准屋面瓦

（手劈）木板瓦与木制标准屋面瓦是用于轻型木结构房屋的传统屋面材料。有时候，人们选用它们是因为其具有天然美感、优雅并且与许多轻型木结构房屋的建筑设计相协调。这两种材料由较特殊的木材材种制造，如西部红柏，其耐久性要比其他树种优越。

与大多数其他屋面材料相比，木板瓦与木制标准屋面瓦的耐久性及耐火性能相对较差，但经过处理后可以改善这些特性。由于材料供应有限，产品成本可能相对较高，不过从施工角度看，则相对简单直接。

思考与训练

1. 屋盖体系包括哪些部分？
2. 屋盖体系有哪些构造要求？
3. 试述沥青屋面瓦的施工要点。
4. 试述普通屋面瓦的施工要点。
5. 不上人及上人屋面板有什么不同及屋面板连接有什么要求？
6. 屋盖有哪些通风措施？
7. 对木结构施工场地进行测量和放样，利用加工好的木料结合图纸，进行屋面结构的拼装。

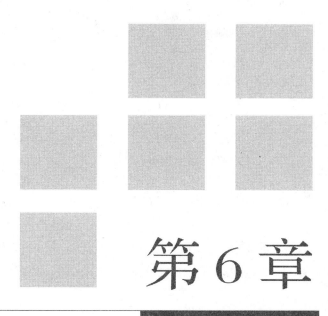

第6章

墙 体

学习重点：墙体界定房屋的空间。内墙分隔室内空间，外墙保护房屋免受自然气候的影响。木结构房屋的墙体由底梁板、墙骨柱、顶梁板、门窗过梁、托柱、覆面板等组成。本章要求学生基本掌握墙体体系的组成，墙骨柱、墙面板、外墙维护结构的构造及施工要求。

学习目标：1. 掌握墙体的构件组成。

2. 掌握墙体的构件的构造要求。

3. 了解墙体的构件的施工要点。

教学建议：结合多媒体教学或施工现场，增加学生对墙体的构件组成、构造要求、外墙维护结构的施工要求等方面的直观印象。

　　本章概述： 墙体承受竖向荷载并将屋盖和楼盖荷载传至房屋基础。墙体抵抗由地震和风引起的水平力。外墙控制热量、潮气和空气在建筑物内外的流动。内墙分隔室内空间，并容纳机械、电器和管道部件。

　　轻型木结构房屋墙体系统的性能与很多因素有关，其中包括楼盖平面内墙体的设计和布局；墙上的开口、构件的大小、树种、等级和间距；覆面板的厚度；沿覆面板各构件的紧固程度等。

　　本章较为详细地对构成墙体的构件、构造要求及施工要点进行了阐述。

6.1　墙体体系

6.1.1　墙体组成

　　(1) 底梁板：规格材制成，水平置于楼盖上，尺寸与其所支承的墙骨柱尺寸相同。

　　(2) 墙骨柱（40mm×90mm 或 140mm）：规格材制成，垂直置于顶梁板和底梁板之间。

　　(3) 顶梁板：规格材制成，水平置于墙骨柱顶部并与墙骨柱连接。

　　(4) 门窗过梁：规格材或工程木产品制成或为组合梁，连接门窗洞口两边的墙骨柱起横梁作用，并支承门窗洞口上部的短墙骨柱和顶梁板。

　　(5) 托柱（比全长墙骨柱短）：规格材制成，支承门窗过梁。

　　(6) 窗台梁：规格材制成，构成窗洞口的底部边框。

　　(7) 短柱（比全长墙骨柱短）：规格材制成，支承门窗过梁上方的顶梁板或底梁板上方的窗台梁。

　　(8) 覆面板：木基结构板材制成，位于外墙框架外侧。

　　如图 6-1 所示为楼盖上层的框架体系。外墙顶梁板为双层，有助于分配来自上部搁栅或桁架的荷载，并使顶梁板在转角处顺利连接，为外墙覆面板提供固定基础。图 6-1 中亦标出外墙窗洞和内墙门洞（带门窗过梁和托柱）。一面墙的端部设有临时支撑。所有构件必须紧固并固定于楼盖上。

6.1.2　墙体体系紧固要求

　　图 6-1 所示阿拉伯数字表示如下：

　　(1) 1 表示墙骨柱末端应钉在顶梁板和底梁板上。

　　(2) 2 表示采用双墙骨柱时，以及在墙体相交和转角部位，墙骨柱应钉在一起。

　　(3) 3 表示采用双顶梁板时，应将顶梁板钉在一起。

　　(4) 4 表示外墙底梁板应钉在楼盖搁栅或填块上。

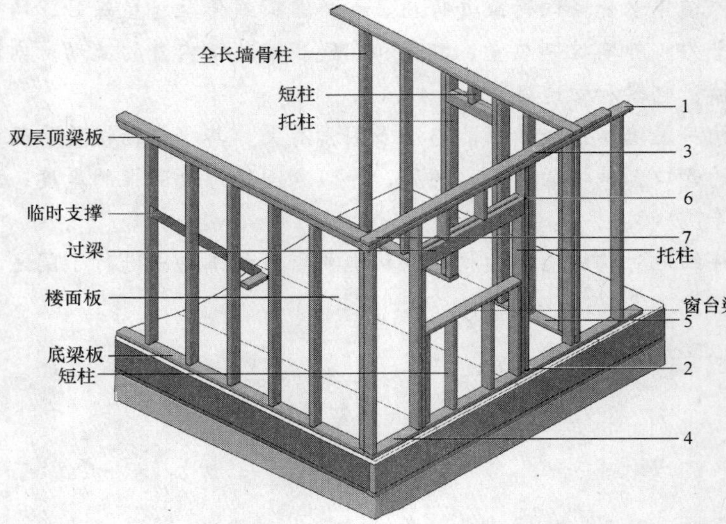

全长墙骨柱

短柱
托柱

双层顶梁板

1

3

6

7
托柱

临时支撑

过梁

楼面板

窗台梁
5

底梁板
短柱

2

4

图 6-1 典型的墙体结构

（5）5 表示内墙底梁板应钉在楼盖搁栅或填块上。

（6）6 表示门窗过梁（通常是钉在一起的组合规格材）两端都应钉在墙骨柱上。

（7）7 表示在墙相交处应将叠拼的顶梁板钉在一起。

6.1.3　门窗过梁及覆面板的铺设方法

如图 6-1 所示在外墙窗户开口上方直接铺设了过梁，并在过梁和上方的顶梁之间安装有支撑短柱，将来自顶梁板的竖向荷载传递给过梁。另外在开口尺寸较大的情况下（如图 6-2 所示），最好将过梁直接置于顶梁板之下。这样做，既可以将来自上方的荷载，更有效地分布在支撑过梁的墙骨柱上，而且能更好地为窗体在开口内进行竖向位置调整提供方便。通常情况下，开口高度应从顶梁板下方的过梁算起。如果窗体在外墙上的位置靠下，则可以在窗体上方铺设非结构用窗体顶梁板，并在该顶梁板与过梁之间，用短柱支撑。

如图 6-3 所示为外墙外侧面覆面板的铺设方法（水平铺设和竖向铺设两种）。覆面

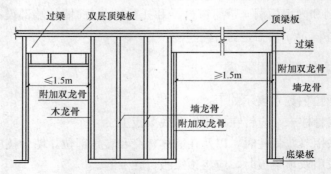

图 6-2　位于外墙顶梁板下方的过梁

板必须固定在作为墙体框架组成部分的墙骨柱、顶梁板、底梁板和门窗过梁上，包括板边缘的支撑边构件和板中间支撑构件。

6.1.4　设置剪力墙的构造要求

所有的轻型木结构房屋都需设置剪力墙。所谓剪力墙就是安装了墙面板的墙段，用以抵抗来自地震和风的水平荷载。

剪力墙可采用木基结构板材或石膏板作墙面板。当用木基结构板材作面板时，至少墙体一侧采用，当用石膏板作面板时，墙体两侧均应采用。所有剪力墙必须满足钉连接的最低要求。

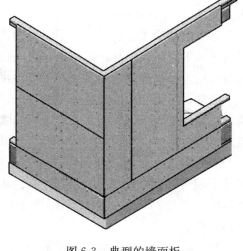

图 6-3　典型的墙面板

剪力墙和楼、屋盖应符合下列构造要求：

（1）剪力墙骨架构件和楼、屋盖构件的宽度不得小于 40mm，最大间距为 600mm。

（2）剪力墙相邻面板的接缝应位于骨架构件上，面板可水平或竖向铺设，为了防止板的变形，面板之间应留有空隙，板材随着含水率的变化，空隙的宽度会有所变化，但不应小于 3mm。

（3）木基结构板材的尺寸不得小于 1.2m×1.2m，在剪力墙边界或开孔处，允许使用宽度不小于 300mm 的窄板，但不得多于两块；当结构板的宽度小于 300mm 时，应加设填块固定。

（4）经常处于潮湿环境条件下的钉应有防护涂层。

（5）为防止框架材料的劈裂以及防止钉从板边被拉出，钉距每块面板边缘不得小于 10mm，中间支座上钉的间距不得大于 300mm，钉应牢固的打入骨架构件中，钉面应与板面齐平。

（6）当墙体两侧均有面板，且每侧面板边缘钉间距小于 150mm 时，墙体两侧面板的接缝应互相错开，避免在同一根骨架构件上。当骨架构件的宽度大于 65mm 时，墙体两侧面板拼缝可在同一根构件上，但钉应交错布置。

6.2　墙　骨　柱

6.2.1　概述

墙骨柱是墙体框架的竖向构件，墙面板和墙内饰层均固定于其上。承重墙骨柱承受来自屋顶和其他楼层的荷载。墙骨柱立于底梁板上并将荷载传递到梁、其他墙或直接传递至基础。

承重墙的墙骨柱应采用材质等级为 Vc 级及其以上的规格材。非承重墙的墙骨柱可采用任何等级的规格材。墙骨柱在层高内应连续（孔洞处除外），允许采用指接连接但不得采用连接板连接。墙骨柱间距不得超过 600mm。

通常，承重墙的墙骨柱尺寸为 40mm×90mm 或者 40mm×140mm，间距 400mm，墙骨柱侧面垂直于墙表面。非承重墙的墙骨柱尺寸为 40mm×90mm。墙骨柱尺寸越大，填充保温材料的空间越大，节能隔声效果越好。

开孔宽度大于墙骨柱间距的墙体，开孔两侧的墙骨柱应采用双柱；开孔宽度小于或等于墙骨柱间净距并位于墙骨柱之间的墙体，开孔两侧可用单根墙骨柱。墙体转角和墙相交处的墙骨柱数量不得少于两根，以保证墙内饰、墙面板和护墙板具有足够的支撑。

对于较大的墙体孔洞，如需采用三层以上规格材组合或结构复合材制作过梁的孔洞处，建议孔洞两侧各采用三根墙骨柱，其中两根用于支承门窗过梁。如图 6-4 所示表明墙骨柱支承超过 1.5m 的墙体开口处过梁的情况。

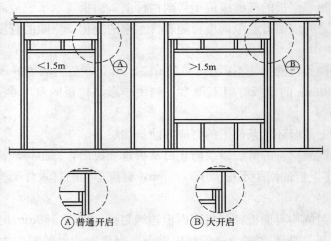

图 6-4   墙骨柱对较大尺寸开口处过梁的支承

6.2.2   墙转角和墙相交处的墙骨柱

墙转角处至少应设两根墙骨柱，最好采用三根墙骨柱。以便墙内外两侧面板的固定，以及墙体构件的组装和固定。墙转角处和墙交接处墙骨柱的排列有如下几种方案可供选择（如图 6-5 所示）。

6.2.3   支持填块与挡火填块

（1）墙骨柱之间的支持填块为墙骨柱提供了附加支撑并有助于墙骨在荷载作用下抗屈曲。如果墙体用覆面板作支撑，则不需要另加支持填块，除非设计要求使用支持填

外墙转角

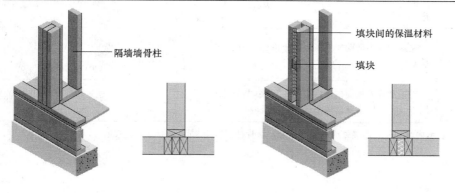

转交墙骨柱
底深板
楼面板
端部搁栅
地梁板
基础

填块间的保温材料
填块

用于墙体装饰的
38mm×38mm的钉连接

内隔墙与外墙的交接处

隔墙墙骨柱

填块间的保温材料
填块

图 6-5　外墙转角和墙交界处墙骨柱的几种布置形式

块，在覆面板接缝处提供支撑。承受楼面荷载的地下室内墙如果没有覆面层则应在墙体的一半高度处设置支撑填块。

（2）墙骨柱长度超过 3m 时，墙内需设支撑填块或类似物作为挡火填块。墙体框架中的其他位置也需要设置挡火填块。

6.2.4　墙骨柱表（尺寸、间距和无支承高度）

见表 6-1。

墙骨柱表

表 6-1

墙体类型	荷载（包括静荷载）	墙骨柱最小尺寸（mm）	墙骨柱最大间距（mm）	最大无支承高度（m）
内墙	无	40×40	400	2.4
		40×90 *	400	3.6
	无楼梯通向阁楼	40×65	600	3.0
		40×65 *	400	2.4
		40×90	600	3.6
		40×90 *	400	2.4
	-阁楼有楼梯相通＋一层 -屋盖＋一层（共两层） -阁楼没有楼梯相通＋两层	40×90	400	3.6
	-屋盖荷载 -阁楼有楼梯相通 -阁楼没有楼梯相通＋一层（共两层）	40×65	400	2.4
		40×90	600	3.6
	-阁楼有楼梯相通＋两层 -屋盖荷载＋两层（共三层） -阁楼有楼梯相通＋三层 -屋盖荷载＋三层（共三层以及一层以下木结构墙）	40×90	300	3.6
		65×90	400	3.6
		40×140	400	4.2
		40×140	300	4.2
外墙	屋盖加或不加阁楼储藏空间（共一层）	40×65	400	2.4
		40×90	600	3.0
	屋盖加或不加阁楼储藏空间＋一层（共两层）	40×90	400	3.0
		40×140	600	3.0
	屋盖加或不加阁楼储藏空间＋两层（共三层）	40×90	300	3.0
		65×90	400	3.0
		40×140	400	3.6
	屋盖加或不加阁楼储藏空间＋三层（共三层以及一层以下基础墙上的木结构矮墙）	40×140	300	1.8

注：* 表示内墙与外墙连接处或内墙转角处，墙骨柱需转角 90°，以便于钉连接。

6.3 顶梁板和底梁板

6.3.1 概述

墙骨柱上、下两端需设顶梁板和底梁板。顶梁板和底梁板宽度不能小于墙骨柱截面高度。底梁板在支座上突出的尺寸不得大于墙体宽度的1/3。承重墙至少需设两层顶梁板以助于将从楼盖搁栅或屋盖桁架传来的荷载分配至墙骨柱。非承重墙可以设单层顶梁板。顶梁板和底梁板通常选用全长规格材制作。根据墙体长度、建造或安装墙体的其他要求，也可选用长度较短的顶梁板和底梁板。顶梁板和底梁板应选用平直的木材，以保证墙体垂直。

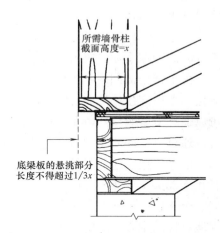

图 6-6 底梁板的最大悬挑长度

在承重墙中，两层顶梁板的接缝应交错排列，上、下层的接缝应至少错开一个墙骨柱间距，接缝处必须位于墙骨柱顶端。在墙转角和墙相交处，顶梁板必须交错互相搭接，以便紧固。对于非承重墙，单层顶梁板的接缝也必须位于墙骨柱顶端并用镀锌钢板连接。

6.3.2 开槽和钻孔

墙体顶梁板中开槽和钻孔后的剩余截面宽度不应小于 50mm。如果超过该限值，则应对顶梁板进行加固。

没有计算认可，不要在组合梁上开缺口。如果只是放电线和细的排水管线是可以的。楼盖梁可能用于传递集中荷载，所以处理方式上必须尽可能保守。如图 6-7 所示。

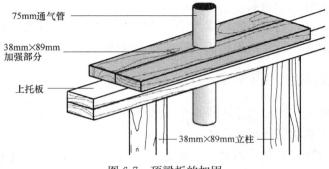

图 6-7 顶梁板的加固

对墙体中工程木产品进行开槽或钻孔施工，如 SCL 横梁，必须按照由工程木产品制造商，随该专用产品提供的设计文件进行。

6.3.3 顶梁板和底梁板的施工要点

顶梁板和底梁板应平放于楼面底板上，端部平接、边缘对齐。根据给出墙体标高的建筑结构图，用全长卷尺测量并标出墙骨柱的位置。墙骨柱与顶梁板和底梁板的交接处用直角标记。

在精确定位前将底梁板临时固定在实际位置上，这样便于调整相邻墙体厚度和墙面板的宽度，避免出错。有时，可根据楼盖搁栅布置墙骨柱，以便布置冷热通风管道。

第一步是定位墙体孔洞处和墙体交接处的中心线。在墙体开洞情况下，构成窗户的托柱和沿托柱排列的短柱可以通过测量洞口两侧距中心线距离为洞口毛尺寸的一半进行定位。墙交接处的位置也可以通过测量两侧距中心线的距离来定位。

墙骨柱边缘用线标记，其位置可用其他记号标记。例如，托柱和短柱的位置可分别用 J 和 C 标记，全长墙骨柱用 X 表示，以示区别。

然后，根据间距要求确定全长墙骨柱和其余短柱的位置。墙骨柱的位置从墙端部开始测量定位。墙板必须钉在墙骨柱的中心，墙骨柱边界距墙骨柱中心线的距离一定是墙骨柱截面宽度的一半。

6.4 墙 面 板

6.4.1 概述

轻型木结构房屋允许采用针叶木胶合板、定向木片板和石膏板作剪力墙的面板材料。

针叶木胶合板和定向木片板这两种木基结构板材产品均具有防潮功能，特别适用于外墙外侧面但也可以用于内墙。

石膏板用于内墙，通常不能防潮而且其结构性能也不如木基结构板材，但具有良好的防火性能。内墙选用石膏板作墙面板时应考虑墙体的抗剪要求以及防火的要求。

6.4.2 墙面板的构造要求

用于剪力墙的结构面板尺寸不得小于 1.2m×2.4m。靠近边界、孔洞和其他框架变化处，应至少采用两块板且尺寸不小于 300mm。

为避免钉子劈裂墙骨柱，当墙骨柱截面高度为 40mm，墙面板边缘钉子间距等于或小于 150mm 时，墙体两侧的面板必须交错排列以保证两侧板与板之间的接缝位于不同的墙骨柱上。如若不然，即墙体两侧面板的连接缝正好落在同一根墙骨柱上，则应采用截面高度至少为 65mm 的墙骨柱，并且板边必须交错钉。

墙体覆面板可水平或竖向安装，但接缝处必须位于墙骨柱上，并预留最少 3mm 间隙。在同一墙骨柱上对接的板之间，安装时应至少预留 3mm 的间隙以防发生胀缩。

墙面板的最小厚度以及墙体覆面板最低用钉要求见表 6-2，表 6-3。

墙面板的最小厚度　　　　　　　　　　　表 6-2

覆　面　板	最小厚度(mm)	
	墙骨柱最大间距 400mm	墙骨柱最大间距 600mm
木基	9	11
石膏板	9	12

墙体覆面板最低用钉要求　　　　　　　　　　　表 6-3

覆面板类型和 厚度(mm)	紧固件最小长度(mm)				紧固件最大间距 中心间距(mm)
	普通或麻花钉	螺纹钉或螺丝	屋面钉	U 型钉	
石膏板 <13	不允许	不允许	45	不允许	沿边缘 150mm， 中间部分 300mm
木基 <10	50	45	不允许	40	
木基 10～20	50	45	不允许	50	
>20	60	50	不允许	不允许	

注：长期暴露于潮湿条件下的钉子应加涂层以防腐蚀。钉子距板边缘不得小于 10mm。钉子必须牢固钉入结构构件中，钉面应与面板面齐平。

6.4.3　墙体的安装和就位

墙体通常是分段在工程现场预拼装或在工厂预制，然后再安装就位的。一段墙的拼装包括由各结构构件组成的墙体框架或带墙面板的框架的安装。

如果墙体是在楼面预拼装而不是直接在实际位置组装，应按前面建筑商注意事项中所述，先布置顶梁板和底梁板，按规定长度截取墙骨柱（包括短柱和托柱）。如果墙高为标准高度，在锯木场精确截取的墙骨柱可用作全长墙骨柱。过梁应该按规定长度截取，并在安装前进行拼接组合。

墙体构架时每个墙段的四角必须垂直，在每个墙段安装就位前，先铺设墙面板或通过测量墙段的对角线长度有助于确保每个墙段的垂直。

将顶梁板、底梁板、墙骨柱和过梁按其相应位置布置在楼面板上并进行拼装（应满足钉连接的最低要求）。框架处于水平位置时，外墙的外侧面板可以采用针叶木胶合板或定向木片板。钉有墙面板的墙段较重，风大时施工难度较大，而不钉墙面板的墙段需在安装前进行临时对角支撑，以防止发生扭曲和变形，并保证墙段的垂直。

用人工或机械方式将墙体提升至竖直位置并固定就位。如果现场施工人员较少，则拼装墙体应尽可能小些，以便提升。在墙体安装就位时，常常在楼面板或者楼盖搁栅边缘处放置一些挡块，防止墙体底梁板滑移。

一旦墙体提升到位，应立刻与楼盖钉连，并设置临时支撑以防止墙体倾倒。墙体两侧钉有墙面板或者在强风条件下施工时，加设可靠的临时支撑尤为重要。如图 6-8 所示。

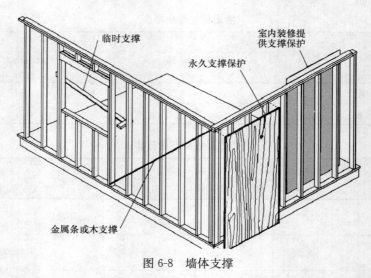

图 6-8　墙体支撑

墙体安装就位后应调整墙体转角、墙体的垂直度和临时支撑。底梁板应按要求永久固定。墙体交接处应平整牢固。第二层顶梁板置于第一层顶梁板之上并和墙固定在一起。保证墙体的垂直非常重要。

6.5　墙体孔洞

6.5.1　概述

孔洞上的荷载通过过梁传递到支承托柱和相邻的全长墙骨柱，再传至楼盖。全长墙骨柱与托柱和过梁的端部固定。承重墙的所有开孔（开孔宽度小于全长墙骨柱最大允许间距的除外）必须采用过梁和双墙骨柱。

6.5.2　门窗过梁

不用作防火分隔的非承重墙的开孔周围，可用截面高度与墙骨柱截面高度相等的规格材与相邻墙骨柱连接，当墙体有耐火极限要求时，非承重墙体的门洞应至少用两根截面高度与底梁板宽度相同的规格材加强门洞。

当承重墙孔洞尺寸不超过全长墙骨柱最大允许间距时，孔洞周围可采用单根全长墙骨柱。如图 6-9 所示。

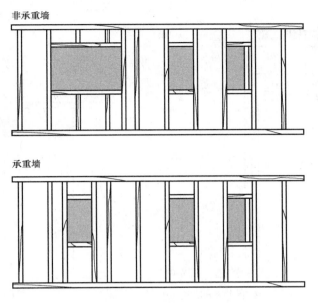

图 6-9　允许的孔洞结构形式

如果是承重墙，位于过梁与顶梁板之间的短柱间距应遵照规范要求。如果是非承重墙，也需要短柱，但目的只是为了覆面板的铺设。

在窗户开口处设窗台梁，其荷载通过下部的短柱传至底梁板。这些构件不承受任何主要荷载，但其间距应满足安装墙面板的要求。构成孔洞的所有构件（过梁除外）的宽度应与墙骨柱截面高度相同。

为保证门窗过梁与附近墙体的牢固连接，最好的办法是：保证过梁上的顶梁板是连续的并且端头不与过梁的端部连接。过梁处于较高位置，为洞口上部留有空间。用钢板或木板拼接为次选。如图 6-10 所示。

小孔洞上方的过梁一般由两层规格材组合而成。较大孔洞上方的过梁通常由三～五层规格材组合而成。如图 6-11，图 6-12 所示。

6.5.3　预留孔洞尺寸

墙上开孔洞是为了安装门和窗。通常在建筑平面图并不标明这些预留孔洞的精确尺寸而只标注门窗的尺寸。

应慎重确定门窗预留孔洞的精确尺寸。如果孔洞过大，在墙上安装门窗框时比较困难且内部装饰可能掩盖不住缝隙。如果孔洞太小，门窗可能装不上或不能保证其平直。

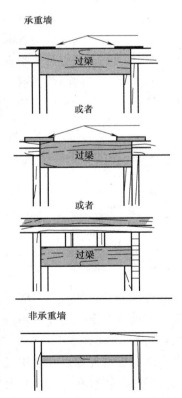

图 6-10　孔洞上方顶梁板的连续性

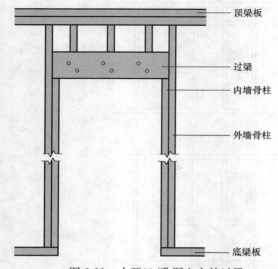

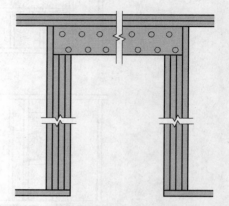

大孔洞

图 6-11　小开口/孔洞上方的过梁　　图 6-12　非常大尺寸开口/孔洞上方的过梁

　　开窗洞时，确定预留孔洞尺寸不仅必须考虑窗户和窗框，而且必须为填隙和调整平直留出空间。因此，通常在孔洞和窗框周边之间预留 10～12mm 的空间。

　　门窗制造商会提供其门窗产品所需的预留孔洞尺寸。这对窗户安装非常重要，预留孔洞尺寸发生错误，将会延迟施工进度，或为后续安装造成困难。

　　开门洞时，确定预留孔洞尺寸应考虑下列因素并留出额外空间：门框两侧构件和顶部构件的厚度、调整门框平直、进户门门槛的厚度、空气流动和室内门下的楼面装饰。

　　通常确定室内门预留孔洞尺寸的方法是将门的宽度增加 60mm、高度增加 40mm。确定进户门预留孔洞尺寸的方法是将门的宽度增加 70mm、高度增加 60mm。

6.6　外墙围护结构

6.6.1　概述

　　外墙围护材料必须既能在外观上满足使用者的审美要求，又能在功能上符合规范、安全和健康要求。用作外墙围护（或称为外墙覆面层）的材料包括：砌体（砖块或石块）、粉饰灰泥、水泥板条、乙烯基塑料挂板、金属挂板、木制挂板、木制复合材料挂板、木材板材挂板以及使用各种合成材料和复合材料的产品。本节主要讲述两种最常用的材料：砌体材料和粉饰灰泥材料的构造与施工。

　　外墙维护是防御雨水和潮气渗透进墙体的第一道防线。外墙表面可使雨水改变方向，并使之最终离开墙体。围护层应该在门窗等开口周围密封良好，用泛水板使雨水偏离墙体。

外墙围护材料可以直接安装于防风雨层或覆面板之上，也可安装于称为防雨幕墙系统的排水空腔外层。维护材料一般直接固定于结构构件上，以增强支撑力。

外墙免受风吹雨打的一个重要做法是调整屋顶挑檐伸出的程度（屋檐的延伸）。600mm 的挑檐比 300mm 的挑檐有效得多。另外，地形、周围其他建筑物、树木等，均为重要考虑因素。

如图 6-13 所示说明了挑檐可将风雨偏移，使其远离外墙方向，特别是在上海等风雨强度较大的地区，这一措施就更显重要，图示还解释了防雨幕墙的原理，以及作为外装材料下方第二道防线的排水和干燥功能。注意使用泛水板来将雨水导离外装材料。从

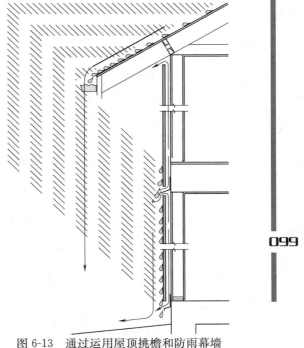

图 6-13　通过运用屋顶挑檐和防雨幕墙系统，防止外墙雨水渗漏

设计角度出发，防虫网、防潮层和作为外装材料支撑的木质钉板条，均应包括在内。

在多风、多雨气候中使用防雨幕墙系统。外装修部分安装于防雨幕墙系统外侧（在外墙防潮层和外装饰面之间形成空腔），在其后方形成通风和排水通道。

根据材料、气候以及规范要求的不同，外墙防护板底部应高于室外地坪最少 150～200mm，以避免任何与潮气相关的风险。在白蚁高发区，这一最小高度应增加。

外墙围护材料的安装一般在屋顶围护材料安装之后，保温层和室内材料安装之前。外墙防水膜和外墙围护材料应该尽快安装，以便将发生雨水渗漏的风险减小到最低程度。这对上海和华南的部分多风雨地区特别重要。如果未能在安装保温层之前安装外墙防水膜（或至少是外部装修），可能会导致保温层受潮。这样可能会破坏保温材料的保温性能，如果这种情况发生，则必须更换保温层。如果在墙体空腔进水的情况下，继续进行墙体框架和内装修施工，则会增加霉菌生长的风险。

6.6.2　外墙防水膜

外墙防水膜是在防雨幕墙系统之前安装的，覆盖于外墙覆面板上的一层薄膜。材料可以是合成纤维或沥青防潮纸，目的是为外墙提供防止潮气侵袭的第二道防线。沥青防潮纸一般为 900mm 宽度，而合成纤维膜宽度比较灵活，可达到 3m。合成纤维膜的空气透过率较低（可作为气密层的一部分），而水汽透过率较高。外墙防水膜必须覆盖整个墙体，在墙体接缝处还应搭接铺设以利于排水。一般使用 U 形钉对外墙防水膜进行固定。如必须断开或穿孔，应在断开或穿孔处使用合格的胶粘带进行防水密封。

外墙防水膜的施工要点：

（1）外墙防护板和外墙防水膜必须完整连续。

（2）外墙防水膜应直接铺设在刚性外墙木板外侧。

（3）在穿透处和构件接缝处的防潮应遵循具体要求。

（4）搭接处上层防水膜应覆盖下层防水膜。

（5）横缝搭接宽度不宜小于 100mm；竖缝搭接宽度不宜小于 300mm；粘接搭接不宜小于 100mm。

（6）外墙防水膜的正反面安装应遵循厂商要求。

6.6.3 防雨幕墙

外墙组件外部的防雨幕墙由以下构件构成：外墙覆面层、覆面层后的排水和通风空腔、防虫网以及防潮层。如果通风设计和施工得当，并使用木制顺水条进行垫高，防雨幕墙可以平衡（或部分平衡）外墙覆盖层内外的空气压力。

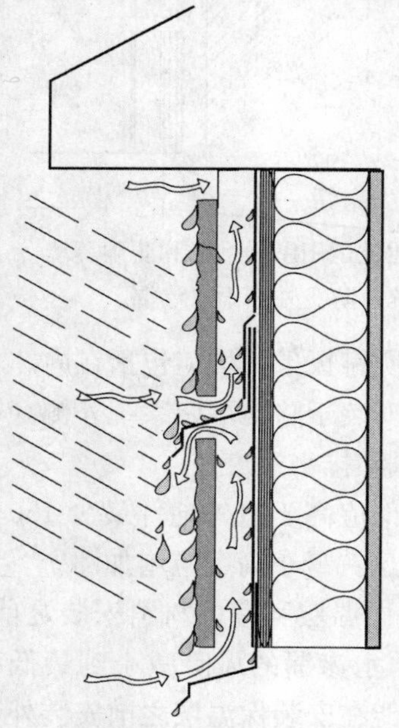

如图 6-14 所示介绍了防雨幕墙（排水通风外墙）的基本原理：排水、通风、干燥以及挡水（泛水板）和等压功能。为重点描述，图 6-14 不包括防虫网、木板条和紧固件。

对于砌体饰面，用系杆将砖或石块与木框架结构相连，这样，在两种材料之间产生一个约 25mm 的空腔，形成了一个防雨幕墙系统。对于其他外墙装饰面，空腔是这样形成的：把木垫条（或小尺寸规格材或胶合板板条）安装到外墙防水膜和结构框架构件上（比如墙骨），然后再把维护产品或材料固定在木垫条上，在外墙防护材料很重的情况下，维护产品或材料需要直接固定在墙骨上。对于乙烯基塑料等轻型墙覆面，紧固件不需要穿透墙体结构。

图 6-14　防雨幕墙原理

紧固件是防腐处理过的，应该和处理木材的防腐剂相容。如季氨铜（ACQ）和铜唑（CA）这类铜基处理化学品，要求紧固件热镀锌或用抗腐蚀的金属制造，如不锈钢。另外紧固件还必须满足相关规范或制造商的要求，确保有足够抗拔力和足够的抗剪强度。这对重型外墙覆面层来说尤其重要。

防雨幕墙可以在木结构建筑中几乎任何外墙覆面材料中使用。粉饰灰泥、砌体、木制和乙烯基塑料挂板等，均可使用防雨幕墙。其优点如下：

（1）为防止雨水渗透入外墙装修层和密封不足的开口处，提供一个附加保护层。

（2）使外墙装修材料和构件更快干燥。

（3）使可能通过蒸汽扩散或空气泄漏而进入构件空隙的潮气消散。

（4）为窗户和门窗与墙体交界处的渗漏雨水提供排水通道。

如果外墙挂板后的空间能得到充分通风并进行分区，那么外墙挂板两侧的压力将趋于平衡。这对于避免产生真空很重要，这种真空将会通过外墙挂板的任何裂缝吸入雨水。在外墙挂板内侧安装连续性气密层会有助于保持压力平衡。

应在一切必要之处安装泛水板，以使雨水能够排出空腔，或远离外墙防护板及基础，这一要求在不使用防雨幕墙的情况下同样适用。同时还应该安装防虫网。防虫网在有白蚁危害地区特别重要，因为幕墙的空隙为白蚁提供了潮气的来源以及进入墙体构件的入口，同时使白蚁不易被发觉。防虫网的网格应该小到足以防止白蚁入侵。

外墙防雨幕墙的施工要点：

（1）净厚度不应小于 10mm。

（2）有效空隙不宜低于排水通风空气层总空隙的 70%。

（3）应保证向外排水、通风；排水高度不宜高于二层楼高度。

（4）当该层被穿洞、泛水或板条隔开时，应有相应防护措施，避免水分进入空气层。

（5）穿洞处空气层内的任何水分应沿重力排向外侧。

（6）开口处必须设置连续的防虫网。

对于粉饰灰泥等重型外墙覆面材料，木垫条应该用钉子或螺栓（推荐）和结构构件固定，穿入深度至少应为 28mm，以保证足够的支撑力。如果外墙结构覆面板上设计安装挤出式聚苯板（XPS）作为保温层和气密层，并且外墙装修材料为粉饰灰泥，那么应使用 38mm 厚度的木垫条，以确保支撑力足够，并形成 13mm 厚度的防雨幕墙空腔。如果要使用更厚的 XPS 板，则应使用加厚垫条或者安装抗剪横撑以支撑垫条。将 XPS 根据切割成需要的尺寸，填充于外墙防水薄膜上的垫条之间，再紧固于外墙覆面板之上。

6.6.4　砌体（砖块或石块）饰面

本节适用于基础以上高度小于 11m 的自承重式、非承重砖块或石块饰面。

砌体饰面是指由水泥砂浆将砌体产品粘结并附在后衬物上的砌体类覆盖层，在这种情况下后衬物通常是木结构墙体。饰面底部通常由实心混凝土基础墙支撑，也可以由金属过梁或混凝土砌块支撑。

作为一种外部材料，砌体具有许多优点。选择花纹和颜色各异的饰面能够体现出建筑艺术上的美感而让人赏心悦目，同时也能体现出一种天然的优美而具有吸引力。饰面的耐火性和耐久性非常出色，极少需要维修保养，也能减少外部噪音传输，并可与粉饰灰泥和各种外墙挂板材料混合使用。然而，砌体饰面价格昂贵、安装时间长，同时需要足够的基础支撑以承受比较沉重的荷载。如果是勾缝（凹缝）砌法，砌体饰面至少应有 90mm 厚，如果是不勾缝砌法，则应为 70mm。使用的砌块应具有足够硬度，不吸水并能抗风化。石饰面产品应该经过产品认证并在具有耐久性的天然石料中选取。

砌体饰面与支撑墙上防潮层与薄膜之间的距离应至少为 25mm，以提供一个通风空间。防潮层与薄膜应该满足核准的设计要求，并仔细安装。防潮层与薄膜应该搭接，同时尽可能按照要求在窗户和门框周围密封。潮气通过砌体墙底部的泛水板和泄水孔排出并向外倾斜。

在不进行砌体施工时，应使用防水材料覆盖砌体材料，使未完成的铺设工作不会由于气候变化而受到损坏。过早地暴露在雨水中，会导致砌体的强度和耐久性下降。

1. 拉杆

应该用防腐蚀金属拉杆将砌体和支撑墙连接起来，以抵抗地震和风荷载。当金属拉杆和木构件连接时，螺栓或螺钉最少应该穿透 63mm，并在杆弯 6mm 范围内。拉杆的另一端深埋在砂浆缝内。金属杆至少应有 0.75mm 厚，22mm 宽，其形状应该确保拉杆无法从砂浆中拔出。如图 6-15 所示。金属杆垂直和水平方向的最大间距，见表 6-4。

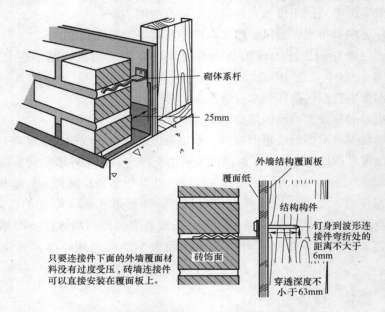

砌体系杆
25mm

外墙结构覆面板
覆面纸
结构构件
钉身到波形连接件弯折处的距离不大于 6mm
只要连接件下面的外墙覆面材料没有过度受压，砖墙连接件可以直接安装在覆面板上。
砖饰面
穿透深度不小于 63mm

图 6-15　通过连杆连结到木构件上的砖饰面

金属杆垂直和水平方向的最大间距　　　　　　　　　　表 6-4

最大垂直间距（mm）	最大水平间距（mm）
400	800
500	600
600	400

2. 支撑

当砌体饰面由混凝土基础墙支撑时，饰面在水平方向伸出基础的程度是有限制的。实心饰面可以伸出基础宽度的 1/3，而中空饰面的挑空不应超过 30mm。如图 6-16，图 6-17 所示。

在开口处或在特殊情况下，可能需要使用钢过梁。为承受荷载，过梁的横截面在满足规范的前提下以尽量小的尺寸、达到尽量大的跨度，一般为 L 型型材，并应经过防腐处理。当砌体饰面由钢过梁支撑时，承重必须均匀，并在每端至少留有 90mm 的支撑面。如图 6-18 所示。

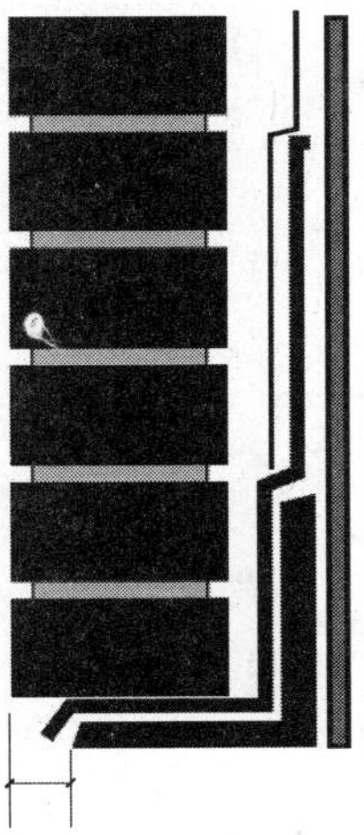

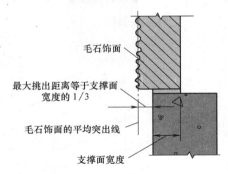

图 6-17　石饰面伸出基础面的最大限度

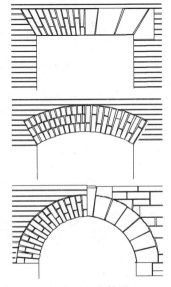

空心砌块最多挑出 30mm，且砌块宽度不小
于 90mm。

对于宽度小于 90mm 的空心砌块，最大
挑出长度为 12mm。

如果是实心饰面砌块，最大挑出长度为砌
块宽度的 1/3。

图 6-16　砖饰面伸出基础面的最大限度

图 6-18　砌体拱

3. 泛水板

安装砌体饰面时，泛水板必须安装在
以下位置：

（1）门窗开口的上下方。

（2）基础支撑砌体处，以及所有泄水
孔下面。

在门窗开口上方的泛水板应该在防潮层与薄膜后的墙体上延伸。窗下泛水板应该安
装在防水薄膜上方。防水薄膜应该密封至门窗框架，必要时要嵌缝和用胶带密封。

需要指出的是，当门窗顶部到屋檐底面的距离不到屋檐凸出距离的 1/4 时，一般不
需要安装泛水板。在窗户开口的下方，当无结点（实心）砌体窗台向外倾斜并伸出墙壁
至少 25mm 时，窗台下面也不需要泛水板。

在需要安装泛水板处，也需要安装泄水孔来排水和通风。泄水孔之间的中心间距不
应大于 800mm，这样有利于将渗入砌体并进入空腔的水排出。在基础墙上面的泛水板
应该在防水薄膜后的墙上至少延伸 150mm，并且至少伸出墙外 5mm。水泥浆滴不应阻
塞泄水孔。然而，防昆虫的屏幕应该安装在泄水孔和任何其他开口处，以防白蚁侵入。
如图 6-19 所示。

泛水板是结构的一部分时，用于砌体饰面的泛水板可以隐蔽在结构内，当泛水板暴
露在外时，易遭风雨侵蚀。暴露的砌体泛水板由达到一定厚度的金属制成，其厚度见
表 6-5。

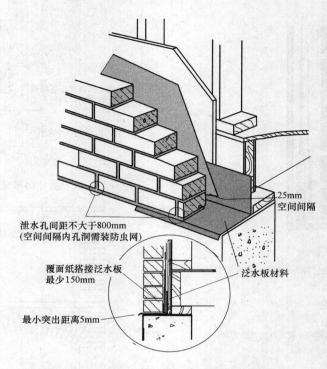

泄水孔间距不大于800mm
(空间间隔内孔洞需装防虫网)

覆面纸搭接泛水板
最少150mm

最小突出距离5mm

25mm
空间间隔

泛水板材料

图 6-19　基础墙和泄水孔上面的泛水板

墙体泛水板的要求

表 6-5

金 属 材 料	暴露式泛水板（mm）	隐蔽式泛水板（mm）
铝	0.5	不推荐
铜	0.5	0.5
镀锌钢板	0.35	0.35
铅板	1.75	1.75
锌	0.5	0.5

　　泛水板接缝处必须防水处理。铝制泛水板不应和砌体、混凝土或砂浆直接接触，除非有不透水的薄膜或其他有效的涂层保护。用于泛水板的紧固件必须具有防腐性，必须与泛水板材料相容，以免这两种金属发生锈蚀反应。

4. 灰缝

　　砖或石砌块应该在一个铺满水泥砂浆的表面上砌筑。外部接缝必须处理成平滑装修面，以防止渗水。水泥砂浆灰缝的厚度通常为10mm，误差为±5mm。

　　除非饰面用等同于两根最小直径为 3.75mm 的防腐钢制拉杆进行加固，垂直相临砌体的接缝应该互相错开。拉杆应按小于 460mm 的水平间距安装在砌体中。为增加强度，钢杆的端头应该有至少 150mm 的搭接距离。

　　灰泥砂浆灰缝种类，如图 6-20 所示。

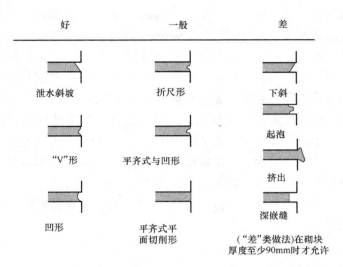

图 6-20 灰泥砂浆灰缝种类

(图中标注：好、一般、差)

好：泄水斜坡、"V"形、凹形

一般：折尺形、平齐式与凹形、平齐式平面切削形

差：下斜、起泡、挤出、深嵌缝（"差"类做法）在砌块厚度至少90mm时才允许

6.6.5 粉饰灰泥

本节适用于基本材料为硅酸盐水泥产品的传统粉饰灰泥饰面用于木结构建筑的外墙装修，而不适用于同样的饰面材料用于混凝土或其他结构的建筑。有时用作装饰涂层的聚丙烯粉饰灰泥，也不适用于外保温终饰系统（EIFS），即一种使用挤出式聚苯乙烯泡沫塑料、玻璃纤维网、改良聚合物底层涂料以及聚丙烯装修涂层的合成粉饰灰泥饰面。

粉饰灰泥饰面是指由两层硅酸盐水泥底层涂料和一层装修层组成的外墙覆面层，用灰泥挂网或金属网固定到木结构墙体构件上。通常，在面网和墙体结构覆面板之间至少有一层防水层与薄膜。灰泥粉刷饰面有各种不同类型的纹理和颜色。

作为外部围护的粉饰灰泥饰面具有以下优点：它以种类繁多的颜色和纹理提供漂亮的外观，并具有抗风化、防火、耐久性以及维修费用低廉的优点。粉饰灰泥饰面有助于降低噪音的传播。最新的研究成果表明，正确施工的粉饰灰泥饰面能够提高总体抗震性能。

粉饰灰泥饰面的安装费用及耗时程度均属中等，不过从总体特点看可谓物有所值。

粉饰灰泥饰面的总厚度常在 20mm 左右。两道基层的最小厚度都应为 6mm，末道涂层的最小厚度应为 3mm，总计最小厚度为 15mm。头道涂层安装并完全嵌入一个由防锈处理钉子或 U 型钉固定的金属网，钉子或 U 型钉至少钉入结构构件 25mm。一层（最好是两层）防水薄膜将金属网和木基结构覆面板隔开，木基结构覆面板至少应该12mm 厚。

木结构和墙面板上的粉饰灰泥饰面在已竣工地面以上至少应该有 200mm（以规范要求为准）净空。在潮湿的气候中，粉饰灰泥饰面应该涂装在防雨幕墙上，以确保灰泥中的潮气容易向外散逸和排出。

1. 防水薄膜

在风雨较强气候地区，应安装双层防水薄膜，用 U 型钉固定在结构覆面板上，以防止水渗透。如果防水薄膜设计成气密层，在表面应该有连续密封。如果设计成防潮水层，如沥青浸渍防潮纸，则应沿水平方向搭接铺设，搭接长度至少 100mm，并且应该由下向上铺设，以防发生渗漏，另外，端部至少应有 150mm 的搭接。不应使用由柏油浸透的毛毡，柏油可以通过粉饰灰泥饰面渗出，导致变色。

和砌体饰面一样，粉饰灰泥应仔细、正确安装开口和穿孔周围的防水薄膜和泛水板，以确保水不会渗透。如严重暴露于风雨中，那么位于灰泥层下的防水薄膜可与门窗框架密封在一起（窗框下方例外，供排水用）。这样做可以为结构提供第二层防渗漏屏障，因为在这种情况下，最下一层几乎全部暴露于雨水侵袭之下。应使用适当的填缝材料（如要求使用的密封胶和泡沫棒），或者使用自粘式防水薄膜将墙体表面上彻底密封。如图 6-21 所示。

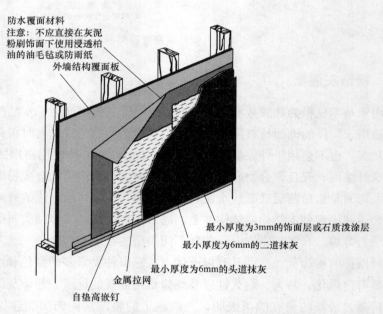

图 6-21　墙体构件上的防水薄膜、板条和灰泥饰面

2. 金属拉网

垂直方向的荷载需经粉饰灰泥后的金属拉网传递到墙体上。拉展金属网应该是涂有防锈漆或镀锌的铜合金钢丝制作。编织和焊接的金属网应该镀锌，应该用自垫高式金属网，垫高高度约 6mm。金属拉网材料应符合的要求，见表 6-6。

金属拉网材料应符合的要求　　　　　　　　　　　　　　　　表 6-6

金属拉网种类	金属线的最小直径（mm）	金属网的最大开口（mm）	最小质量（kg/ft²）
焊接或编织金属网	1.20 1.35 1.60	25 40 50	—
拉展金属网	—	—	1.0

　　粉饰灰泥金属拉网应该沿长度方向附在防水薄膜上并且横跨结构框架。拉网的连接处至少应有 50mm 的搭接，接缝应该错开，固定于框架构件上。外角应该加固，如图 6-22 所示。

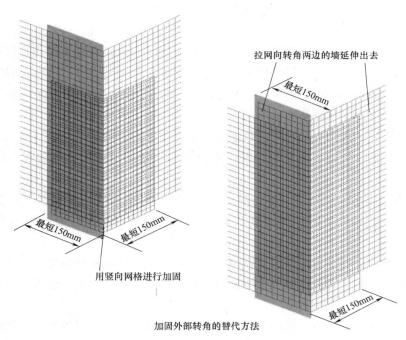

图 6-22　使用金属拉网时加固外部角点

3. 紧固件

　　紧固件可以是钉子或 U 型钉（与普通钉子相比，U 型钉是一种更为有效的紧固件）。紧固件必须具有防腐性能。钉子通常由手锤敲入。不过由气动打钉机打出的 U 型钉则更快。紧固件应该满足表 6-7，表 6-8 的要求。

紧固件用钉应符合的要求　　　　　　　　　　　表 6-7

要　　求	钉	U 型钉
钉杆最小直径(mm)	3.2	2.0
钉头最小直径(mm)	11.0	—
深入垂直框架构件(墙骨柱、板)的最小深度(mm)	25	25
深入水平框架构件(拱腹底面、外天花板)的最小深度(mm)	38	38

紧固件在结构框架上最大垂直和水平间距要求　　　　　　　　　　　表 6-8

最大水平间距(mm)	最大垂直间距(mm)
100	600
150	400
400	150
600	100

如果使用不同的紧固方式，每平方米的墙面必须至少有 20 个紧固件。

紧固件必须穿入结构构件（而非仅仅与外墙结构覆面板相连），以确保粉饰灰泥的重量被传递到墙体承重结构上，同时确保在应力下粉饰灰泥不会和墙体的其余部分脱离。紧固件应该穿入墙骨柱和顶、底梁板至少 25mm。

4. 施工要点

金属拉网应该嵌入头道涂刷层。在涂刷首层的同一天、混凝土硬化之前，应在涂层表面进行拉毛处理，为第二层提供粘结表面。拉毛工作通常用刷子完成，并且应均匀，相对较浅，大约 2mm 深。凝固时间取决于室外温度、阳光照射和湿度。和所有混凝土一样，凝固得越慢强度越高。

传统的方法：大约一周时间内首层在一定程度上养护后，可以进行第二层涂刷。在涂刷第二层之前，应该确保首层保持彻底潮湿，或者用液体粘合剂处理，以利于粘结过程。

最新的方法：首层与第二层在同一天进行涂刷，条件是首层已经具有足够硬度并能保持自身结构的稳定性。第二层被直接抹在首层上，然后两层作为一个系统共同养护。

末道抹灰饰面的准备工作包括：用特殊工具对上一道抹灰的表面进行刮平处理，以确保表面完全平整均匀，且厚度最小；为有利于粘结，还应对上一道表面进行轻微的拉毛处理。

在第二层充分凝固后，包括颜料在内的末道抹灰饰面就可以进行了。这一过程最短需要 7 天时间，虽然在大多情况下建议用 2～3 周完成。上一道可以稍微弄湿一点，以确保良好的粘结。末道抹灰饰面通常分两步施工：第一步提供一个平滑的抹面层，第二步完成表面纹理工作。两步应在同一天完成，以确保粘结良好。

在干热气候里，在涂刷粉饰灰泥后保持几天潮湿，以确保适当的养护。粉饰灰泥不应在温度接近或低于零度的情况下拌和及施工，这将损坏粉饰灰泥层。在寒冷气候中，在拌和及安装过程中温度至少保持在 4℃，施工完毕后应至少保持该温度 24h。

5. 粉饰灰泥护墙排水和防雨幕墙组件

如果水透过灰泥层上的裂缝和开口渗入了墙体，这种情况下，只会有相对少量的水能在防潮层和粉饰灰泥外墙挂板背面之间流下来，并在外墙挂板底部的排水流出。潮气也能够通过蒸汽扩散，经过具有较高渗透性的粉饰灰泥逸出。这种排水方式称为"隐蔽屏障排水"。这种排水方式只适合于干燥型气候。

然而，对于湿热、风雨频发地区，应采用等压式或压力修正式防雨幕墙。使用经过防腐处理的 12mm 或 19mm 厚规格材或胶合板条制成的木垫条被安装在气密层或防潮薄膜顶部，钉在墙骨柱上。墙骨柱和木垫条的最小中心间距为 400mm。防虫网遮盖空隙开口处，对存在白蚁危害的地方尤其重要。

如果挤出式聚苯板（XPS）作为保温层安装在结构覆面板外，则应使用 38mm 厚度的木垫条，以确保支撑力足够，并形成 13mm 厚度的防雨幕墙空腔。如果要使用更厚的 XPS 板，则应使用加厚垫条或者安装抗剪横撑以支撑垫条。将 XPS 根据切割成需要的尺寸，填充于外墙防水薄膜上的垫条之间，再紧固于外墙覆面板之上。

　　紧固件应该穿透木垫条和横撑，钉于墙骨柱或梁板之上，最小深度 28mm，确保粉饰灰泥等外墙装修材料可以获得足够的支撑。如果整个厚度包括：垂直木垫条 38mm（13mm 防雨幕墙，25mmXPS），外墙覆面板 12mm，紧固件最小钉入厚度 28mm，那么紧固件长度最少应该为 80mm。如果粉饰灰泥为硅酸盐水泥，紧固件间距最大允许为 200mm，建议为 150mm。如果需要，应进行工程计算。如图 6-23 所示。

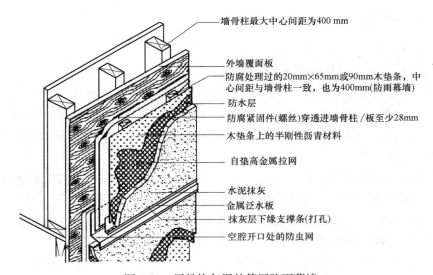

墙骨柱最大中心间距为400 mm

外墙覆面板
防腐处理过的20mm×65mm或90mm木垫条，中心间距与墙骨柱一致，也为400mm(防雨幕墙)
防水层
防腐紧固件(螺丝)穿透进墙骨柱／板至少28mm
木垫条上的半刚性沥青材料
自垫高金属拉网
水泥抹灰
金属泛水板
抹灰层下缘支撑条(打孔)
空腔开口处的防虫网

图 6-23　用粉饰灰泥的等压防雨幕墙

　　将粉饰灰泥层铺装在木垫条上通常有两种方法：①垫纸的金属拉网直接固定到木垫条上；②半刚性沥青浸渍垫板固定到木垫条上，同时将垫纸金属拉网安装到该垫板上。排水介质构件，如图 6-24 所示。

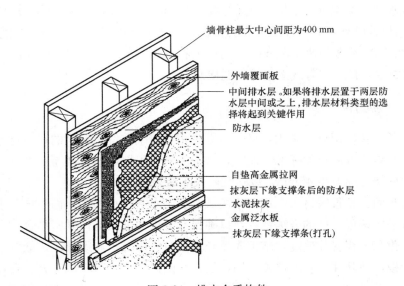

墙骨柱最大中心间距为400 mm

外墙覆面板
中间排水层。如果将排水层置于两层防水层中间或之上，排水层材料类型的选择将起到关键作用
防水层
自垫高金属拉网
抹灰层下缘支撑条后的防水层
水泥抹灰
金属泛水板
抹灰层下缘支撑条(打孔)

图 6-24　排水介质构件

6.7 内隔墙材料石膏及其施工要点

6.7.1 概述

由于成本低廉、安装迅速、效果稳定、容易油漆以及隔声和防火效果较好，石膏板（也称之为干墙）被最广泛地用于室内墙体构件中。

石膏板产品的尺寸一般为：1.2m×2.4m，也有宽1.22m，长度2.44~4.27m不等（其他尺寸如宽1.37m等，可特别定购）的。通常厚度为9.5mm、12.7mm和15.9mm。石膏芯用纸板整个包起来。板的长边边缘的一面被斜削，使其可以接受装修中使用填缝剂和胶带。

石膏板为不同的使用目的而制成各种类型（标准型、铝箔背垫型、防水型、耐火型、预制型和特制产品）。可以使用螺栓、钉子或粘合剂进行紧固。可以使用各种类型的油漆、墙纸和其他装饰品进行装饰。耐火型石膏板广泛用于轻型木结构房屋的装修中，这不仅因为其优异的防火性能，并且因为它还能提供附加刚度。

石膏板具有很低的空气渗透性，如果安装正确，能有效地作为主要气密材料使用。由于作为普通隔气层的聚乙烯薄膜水汽透过率低，在混合气候类型中不能使用，而石膏板的吸水透气特性，使其成为这一地区气密材料的首选产品，使用石膏板可使水汽透过石膏板向室内方向散发，从而避免冷凝水滞留在墙体构件中。

石膏板有很高的水蒸气扩散透出率和吸水性，必须在石膏板上涂刷蒸气阻隔涂料，以降低其吸水性。非承重内隔墙（耐火等级为0.5h）必须使用至少15mm厚的常规石膏板（无保温层），或是12mm厚的耐火石膏板（有或无绝缘保温层）。外墙和所有承重墙（耐火等级为1h）都必须使用15mm厚的耐火石膏板（有或无绝缘保温层），或者两层12mm厚的常规石膏板（有或无绝缘保温层）。

6.7.2 紧固件

传统上，石膏板用钉子紧固，钉子为钉轴相对较细和钉帽较大的环型钉。石膏板钉应该符合已经被认可的有关标准。通常，钉子应该穿入墙体木框架至少20mm，或者穿入天花板木框架支撑至少45mm，以达到耐火等级要求。

钉子由凸面石膏板锤钉入，钉帽略微低于表面以下（小凹坑）而不伤及纸面。沿削斜边缘的钉子应该用同样的方法钉入，以确保石膏板和框架构件紧密结合。

为了简化和加快安装速度，施工人员经常同时使用钉子和螺丝。一般钉子被用来临时固定石膏板，使其在正确的位置，用钉位置应确保在石膏板胶带下方。石膏板最后应由螺丝固定。螺丝也应该符合已认可的标准，同时还应该确保进入木墙框架至少20mm

或者穿入天花板木框架支撑至少 45mm，以达到耐火等级要求。

　　钉子和螺丝必须有足够间隔，以确保高质量的紧固。钉子在墙体上间距不应超过200mm（当相隔 50mm 的钉子成对使用时，其间隔可达 300mm）。当支撑构件的中心间距为 600（或 610）mm 时，螺丝的间隔应不超过 300mm，或者当中心距为 400（或406）mm 时，其间隔应不超过 400mm。无论是钉子还是螺丝与石膏板边缘的距离都不应小于 10mm。石膏板用钉间距，如图 6-25 所示。

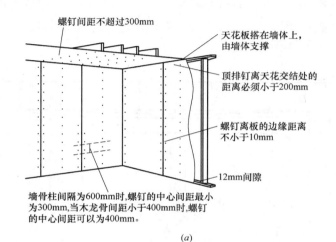

(a)

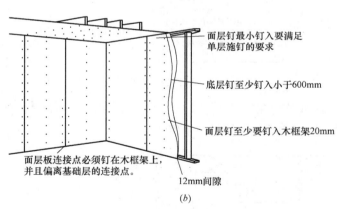

(b)

图 6-25　石膏板用钉间距

(a) 一层石膏板钉钉；(b) 两层石膏板钉钉

6.7.3　石膏板的防护

　　石膏板很容易断裂以及受到潮气损害，应该将石膏板水平放置，最好放在一个连续表面上，或者放在能提供足够支撑的垫块上（垫块至少五个，每个 10mm 宽，垫满整个石膏板宽度相同），远离施工设备和交通要道。石膏板应始终有东西覆盖，防止雨水侵入。搬运时要小心，避免破损。破裂的石膏板不应再用于安装，应该将它换掉或将破损部分切除。

石膏板不应安装在淋浴间等长期潮湿的地方。防水石膏板可以用于轻微潮湿的场所，如在浴缸（不是淋浴间）和洗脸池周围。在特别考虑消防安全的地方，或者在需要额外刚度之处，可以使用防火石膏板。

石膏板面板应该尽可能与结构框架构件垂直安装。这能够提供更大的剥离强度，并且一般来说可改善装修的整体质量，也可提高安装和装修石膏板面板的效率。

应对石膏板进行正确的尺寸测量和切割，以使安装后密合。面板通常切割成比测定值小 4~6mm，以确保安装后板面内没有安装应力或挤压应力。紧固件应该紧固，但紧固件头部不应该压破纸面。损坏或没有和框架构件连接的紧固件应该抽出并替换掉。石膏板装配和安装，如图 6-26 所示。

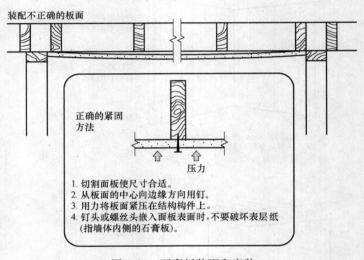

图 6-26　石膏板装配和安装

石膏板接缝应该远离潜在的结构应力区，如门窗周围，这样就能最大程度地降低发生开裂的风险。如图 6-27 所示提供了一个例子。

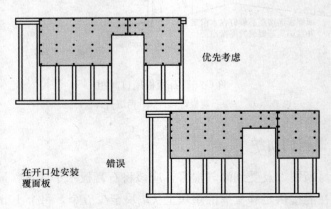

图 6-27　在开口附近安装面板

切割石膏板时，通常用锋利的小刀划穿纸板表面，并进入下面石膏芯。面板的一面放置在较硬的表面上，然后从另一面进行弹线切割，最后再用小刀将另一面的纸板刻穿，使石膏板最终分离。如果需要在同一块石膏板上有两个成直角的切口，则第一个切口用石膏板锯锯开，第二个切口则根据以上方法切割。

在墙体上，应该首先在顶部安装水平石膏面板，从墙体的一个角落连续铺设过去。这些面板应该紧贴在天花板面板上。同样，底部石膏面板应该紧贴着其上方的石膏板。在相邻面板之间的接缝应该错开。接近地板的底部面板应该用石膏板提升器将面板向上抬升，保持上缘的水平。

石膏板面板第二层的方向通常和第一层方向相同。根据支撑之间的距离或者该距离的倍数，将对接缝错开。斜接边缘接缝通常的错开距离为 300mm 和 600mm，最小错开距离为 200mm。在某些情况下，第二层石膏板面板与第一层之间垂直安装，接缝之间应有错落。

6.7.4　接缝

接缝剂是预先拌合，然后用手工工具或机械设备进行铺设。通常铺设三层。第一层用石膏板胶带或网格增加强度和改善粘合状况。最后一层用砂纸磨光。

第一层接缝剂铺设在接缝上，铺设范围大约为 75mm 宽。然后，用接缝刀轻轻地将石膏板胶带（约 50mm 宽）压入接缝剂中，最后，接缝刀沿着接缝在足够大压力下将胶带嵌入接缝剂中。在胶带下不应有气泡。随后清除掉多余材料，平整接缝剂，并一直涂抹至边缘处。

第一层干燥后，在宽达 250mm 的带宽内铺设第二层，并一直涂抹至边缘处。第二层干燥后，在宽达 300mm 的带宽内铺设第三层。必须注意表面的平整光滑。接缝干燥后，马上用细砂纸将边缘磨光，以达到一个绝对无缝的表面。如图 6-28 所示。

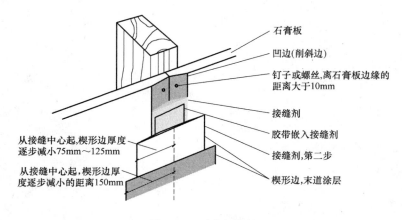

从接缝中心起,楔形边厚度逐步减小75mm～125mm

从接缝中心起,楔形边厚度逐步减小的距离150mm

石膏板
凹边(削斜边)
钉子或螺丝,离石膏板边缘的距离大于10mm
接缝剂
胶带嵌入接缝剂
接缝剂,第二步
楔形边,末道涂层

图 6-28　石膏板接缝

墙板中心的钉头和凹坑应该填入三层接缝剂。同样，只有在前一层接缝剂干燥后才铺设后一层。

密封和装修工作应该在 10℃ 或以上的温度下进行。在装修前后至少几天里，应将温度保持在 10℃ 以上。

思考与训练

1. 试述墙体系统的组成。
2. 试述外墙上门窗过梁的位置及覆面板的铺设方法。
3. 外墙维护材料有哪些？
4. 墙体的剪力墙构造要求有哪些？
5. 墙骨柱有哪些构造要求？
6. 墙面板有哪些构造要求？
7. 墙体孔洞有哪些构造要求？
8. 外墙围护结构有哪些主要的类型？
9. 石膏板内隔墙有哪些施工要点？
10. 木材的切割、打磨、连接等操作训练。
11. 对木结构施工场地进行测量和放样，利用加工好的木料结合图纸，进行墙体的拼装。

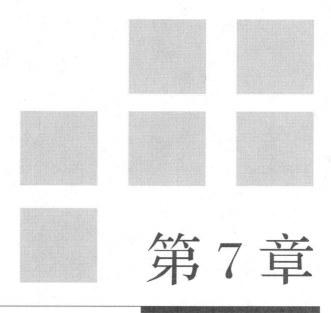

第 7 章

木结构建筑的防火

学习重点：木结构房屋的防火是一个困扰开发商和业主，影响其大面积推广的重要问题，必须予以必要的重视。本章要求学生基本掌握木结构材料的特性、初步了解木结构的耐火性能、木结构建筑的相关防火规范。

学习目标：1. 了解木结构材料的特性。

2. 了解木结构的耐火性能。

3. 掌握木结构建筑的相关防火规范。

教学建议：结合多媒体教学，增加学生对木结构材料的特性、木结构的耐火性能、木结构建筑的相关防火规范的理解。

本章概述：本章通过对木结构材料的特性分析，木结构与钢结构、钢筋混凝土结构耐火性能的比较，阐述了木结构建筑防火的构造措施，并对木结构建筑的相关防火规范进行了量化分析。

7.1 木结构的耐火性能

7.1.1 概述

木结构建筑与钢材和混凝土不同，木材属于固体可燃物质，在《建筑设计防火规范》GB 50016—2010 中，其火灾危险性被列为丙类，其燃烧性能等级为 B_2 级。若不经阻燃处理，在建筑上的使用将受到极大限制。

在火灾作用下，木构件丧失承载能力的原因有二：一是构件外层的炭化；二是炭化层内侧薄层的木材因温度升高而强度降低，当正常木材的强度在原有荷载作用下达到极限时，构件即行破坏。

木构件虽然能着火燃烧，但是炭化层能阻滞燃烧的继续发展，因此具有一定的耐火性能。国家标准《建筑设计防火规范》GB 50016—2012 附录 C "各类建筑构件的燃烧性能和耐火极限"规定木吊顶搁栅中钢丝网抹灰（厚 15mm）的耐火极限为 0.25h，可见一斑。

7.1.2 木结构与钢结构、混凝土建筑耐火性能的比较

（1）木材在温度逐渐升高的过程中会发生热分解，水分开始蒸发，一些次要的物质挥发，接着以可观的压力散发含碳的混合气体。这些气体在周围空气中着火，达到气焰燃烧的阶段。此后不久就形成了炭化层。在通常火灾所构成的温度（800～900）℃下，木炭不具有挥发性，而保留在构件表层上。恰恰是在木炭上覆盖薄薄的一层灰烬就能阻止发烟燃烧。在火灾中，一般地说，保留在炭化层上的灰烬保护木材免于燃烧。炭化层成为构件内部木材的绝缘层。如果没有外部的燃烧元素，如氧气、油料等的持续补充，炭化层能使火焰自然熄灭，从而保证整个结构体在很长时间内不受破坏。当然，火灾剧烈程度很高，温度达到 1100℃以上时，则炭化层也具有很高的挥发性，而气焰燃烧。

（2）木结构建筑耐火阻燃值是钢结构住宅的 1.3 倍，是水泥结构的 1.7 倍，在同样温度的火焰下，木结构建筑内的人员有更充裕的时间逃生和灭火。

（3）木结构建筑按结构形式分为：轻型木结构和重型木结构两种。重型木结构具有一定的火灾抵抗能力，不需要特殊的防火措施。以炭化扩展深度（即单位时间内

木材颜色变黑程度）代表燃烧速度，木材的燃烧速度为 0.4～0.8mm/min。木材虽可燃，其导热性却很低，仅为钢的 0.4％，铜的 0.05％，木材燃烧时表面炭化层的导热性比木材还低，因此，大型木梁在强烈的燃烧中仍能承重一定时间。在建造上可通过限定木构件的最小尺寸，来保证其防火能力。而轻型木结构则必须采取木材阻燃处理。

7.2　木结构的材料防火

7.2.1　木材燃烧机理

木材是天然高分子有机化合物，由 90％的纤维素、半纤维素、木素及 10％的浸填成分（挥发油、树脂、鞣质和其他酚类化合物等）组成。在火灾中，木材温度可高达 800～1300℃。木材在热作用下可发生热分解反应，形成许多简单的低分子物质。同时，随着温度的升高，反应由吸热转为放热，又加速了木材的热分解。研究人员曾对木材热解过程进行了大量的试验研究和数值模拟，结果表明：阻燃处理可以有效地减慢木材的热分解反应。因此，木结构住宅，特别是在室内，应尽量使用阻燃性材料。

7.2.2　防火处理方法

早在 5000 年前的我国古代，就已采用在木柱外面涂覆泥土的防火方法，后来对大型木质梁、柱，采用漆布包缠后，再涂以黏土、石膏等难燃性物质进行防火。在沿海地区，有用海水作防火处理的木材建造灯塔的记录。

木材阻燃处理大致可分为两类：一类是溶剂型阻燃剂的浸渍法，另一类是防火涂料（又称阻燃涂料）的涂布法。常用的工艺有三种：深层处理，通过一定手段使阻燃剂或具有阻燃作用的物质，浸注到整个木材中或达到一定深度，如采用浸渍法和浸注法；表层处理，在木材表明涂刷或喷淋阻燃物质，但这种方法不宜用于成材处理；贴面处理，在木材表面覆贴阻燃处理的单板等，或在木材表面注入一层熔化了的金属液体，形成所谓的"金属化木材"。

市场上常见的木材阻燃产品，大多采用的是聚磷酸铵或以氨基树脂固定的阻燃剂，它们可以单独使用，也可混合使用。目前在我国，木材阻燃剂技术已得到广泛应用，基本能满足建筑防火及防火等级的要求。与未处理木材一样，防火处理后木材仍具有质轻，易加工，安装、施工便利，费用低，无需维护和保养等优点，可满足木结构建筑的设计要求。

7.3　木结构的结构防火

7.3.1　木结构防火的构造措施

北美、日本的研究人员对木材及木结构防火进行了大量研究。结论认为：木结构的防火首先应采取构造措施，防止各种情况下的木构件表面温度升高而着火。轻型木结构墙体、楼盖和屋盖、木桁架和工字木搁栅等结构构件，设计耐火极限应达到 2h。

独栋木结构房屋的防火性能，取决于房屋中构成屋顶、墙壁和地板所用的建筑材料及其整体装修材料的种类。目前在结构上，主要采用全封闭的耐火石膏板装修。石膏板不仅能自然调节室内外的湿度，也是极好的阻燃材料，所以这种组合墙体的耐火能力极强，与砖石或钢筋混凝土住宅的防火性能相当。如日本对一栋北美木结构别墅进行了在大地震状况下的火灾破坏试验，在底层房间失火的情况下，火势要经过 45min 才会蔓延到第 2 层，而传统的房屋仅 10min 就被大火包围。这主要归功于耐火性能强的石膏板墙板和天花板，使别墅内的地板和木质构件处于封闭状态，阻止了火焰的迅速蔓延。

7.3.2　木结构防火的相关规范的规定

1. 木结构房屋的层数、长度和面积

《建筑设计防火规范》GB 50016—2010 规定，四级耐火等级的房屋只允许建两层，主要是针对我国过去的传统木结构，而现在我国应用的轻型木结构构件耐火性能优于传统木结构，可按表 7-1 确定层数、长度和面积。

轻型木结构的层数、长度和面积　　　　　　　　　　　　　　表 7-1

房屋层数	最大允许长度/m	每层最大允许面积/(m²)
单层	100	1200
两层	80	900
三层	60	600

2. 木结构房屋的防火间距

2000 年美国的《洲际建筑规范》（IBC）规定了有防火保护的木结构房屋外墙的耐火极限，不同火灾危险性的建筑物与防火间距之间的关系（见表 7-2）。

此外，根据外墙上门窗开孔率的大小，《洲际建筑规范》给出了开孔率与防火间距之间的关系（见表 7-3）。

借鉴上述美国的有关规定，我国国家标准《木结构设计规范》（2005 年版）GB 50005—2003 列入以下 3 项关于防火间距的规定，而达到与国际接轨的水平。

不同火灾危险性的建筑与防火间距之间的关系　　　表 7-2

防火间距(m)	耐火极限(h)		
	火灾危险性高的建筑	火灾危险性中等的厂房、商业类建筑(主要包括商店、超市等)、仓库	火灾危险性低的厂房、仓库、居住和其他商业建筑
0～3	3	2	1
3～6	2	1	1
6～12	1	1	1
＞12	0	0	0

开孔率与防火间距之间的关系　　　表 7-3

开孔分类	防火间距 a(m)							
	0<a≤2	2<a≤3	3<a≤6	6<a≤9	9<a≤12	12<a≤15	15<a≤18	a>18
无防火保护	不允许开孔	不允许开孔	10%	15%	25%	45%	70%	不限制
有防火保护	不允许开孔	15%	25%	45%	75%	不限制	不限制	不限制

（1）木结构建筑的防火间距（见表 7-4）

木结构建筑的防火间距（单位：m）　　　表 7-4

建筑种类	一、二级建筑	三级建筑	木结构建筑	四级建筑
木结构建筑	8	9	10	11

注：防火间距应按相邻建筑外墙最近距离计算，当外墙有突出的可燃构件时，应从突出部分的外缘算起。

（2）木结构外墙开口率小于10%时的防火间距（见表 7-5）

外墙开口率小于10%时的防火间距（单位：m）　　　表 7-5

建筑种类	一、二、三级建筑	木结构建筑	四级建筑
木结构建筑	5	6	7

（3）两座木结构建筑之间，木结构建筑与其他结构建筑之间的山墙均无任何门窗洞口时，其防火间距不应小于4m。

思考与训练

1. 木结构材料有哪些主要自防火特性？
2. 木结构材料的耐火性能如何？
3. 1～3层轻型木结构房屋的规范最大长度和最大面积分别是多少？
4. 不同等级的木结构房屋间的防火间距是多少？

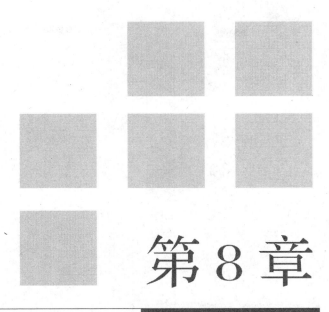

第8章

木结构的防护

学习重点：本章要求学生基本掌握木结构的防潮、通风、雨水防渗系统的构造要求。

学习目标：1. 了解木结构的防腐。

2. 初步掌握木结构的防潮、通风、雨水防渗系统。

3. 了解木结构的虫害防治。

教学建议：结合多媒体教学，增加学生对木结构的防潮、通风、雨水防渗系统的构造要求的理解。

本章概述： 本章对木结构材料的基本要求进行了分析，并针对木结构房屋的防腐、防潮、通风、雨水防渗、虫害防治进行了较为详细的说明。对各种防护措施中的物理防护和化学防护作了比较和说明。

8.1　木结构的防护

8.1.1　木材的腐朽

木材的腐朽主要是木腐菌侵害的结果。木腐菌是一种寄生性的真菌，其中危害原木和使用中木材的真菌有几百种。木腐菌借菌丝或菌丝体在木材内蔓延，菌丝端头能分泌酶，分解木材细胞壁组织中的纤维素、半纤维素或木质分解木材细胞素，同时还能消化细胞腔中的内含物如淀粉、糖类等作为养料，使木材组织破坏。

木腐菌除借菌丝传播外，主要靠孢子传播。一个子实体能产生几千亿个孢子。这种既轻又小的孢子，随气流到处散播，防不胜防，因此为了杜绝腐朽必须控制木腐菌繁殖的条件。

通常木材含水率在 20%～145% 的范围内，而在 30%～60% 时的木腐菌活动旺盛。

在一定条件下，木材和水具有很好的相容性。木材可以吸收或释放水分以达到与周围环境相平衡的含水率。用于室内的木材最终含水率稳定在 6%～14%，用于室外的木材为 12%～18%。

含水率（MC）是指木材中所含的水分，用木材中水的重量与不含水的木材本身重量的百分比来表示。规格材用于建造房屋时的含水率应等于或低于 20%。

当含水率（MC）达到约 28%，即纤维饱和值时，木材的细胞壁处于完全饱和状态。含水率超过 28% 时，细胞体开始充水。含水率超过 28% 的木材将不会继续膨胀，但是如果木材维持该含水率时间较长则会受到真菌侵袭并腐烂。然而，用于室内的木材其含水率达到正常室内平衡含水率时仍能够吸收相当于自身重量 10% 的水分而无破坏产生。任何存放于室外的木产品则应加以保护避免过多接触水分。

规格材的含水率每变化 5%，其宽度和厚度尺寸就相应变化 1%。纵向收缩或膨胀，例如墙骨柱沿长度方向所发生的收缩或膨胀，是可以忽略不计的。

与规格材相比，工程木产品和板材因其制造加工形式而具有较低的含水率，因此在储存和施工时要特别注意防止因气候变化的影响而使其受损。

含水率长时间超过 20% 时，木材会出现霉斑和污斑。这些霉斑和污斑虽然对木材的结构性能不会造成损害，但是表明木材含水率已经过高。如果含水率继续上升并且超过 25% 的话，木材会受到木腐菌侵蚀的威胁，并最终导致变质以及强度损失。

8.1.2 木材含水率的规定

（1）现场制作的原木或方木结构不应大于 25%。

（2）板材和规格材不应大于 20%。

（3）受拉构件的连接板不应大于 18%。

（4）作为连接件不应大于 15%。

（5）层板胶合木结构不应大于 15%。

8.1.3 木材的干燥与防裂

要降低木材的含水率，须提高木材的温度，使木材中的水分蒸发和向外移动，在一定流动速度的空气中，使水分迅速地离开木材，达到干燥的目的。为了保证被干燥木材的质量，还必须控制干燥介质（如目前通常采用的湿空气）的湿度，以获得快速高质量地干燥木材的效果，这个过程叫做木材干燥。概括地说木材干燥就是水分以蒸发或汽化的方式由木材中排出的过程。

在木材干燥过程中或干燥后会出现的裂缝，即木材的开裂或干裂。主要由于木材各部分不均匀的干燥所引起。按照裂纹发生的部位分为端裂（端面裂纹）、表裂（表面裂纹）、内裂（内部裂纹）和干燥轮裂。裂纹的大小和数量因干燥条件、树种以及木料断面的大小而不同。

延缓木材开裂的方法：

（1）机械法防裂：在已干燥的木材上用铁丝捆端头，使用防裂环、组合钉板等，用机械的方法强制木材不要膨胀和收缩，这样也可以避免木材发生开裂。

（2）改进制材时下锯的方法：木材各向异性，在同样的温度、湿度变化的情况下，其湿涨、干缩系数最大的是弦向，其次是径向，纵向的变化最小，所以下锯时多生产一些径切板，可以减少开裂。特别是带有髓心的板材干燥时容易发生严重的劈裂，这是由于髓心附近径向和弦向的收缩差异引起的，它发生在干燥初期，最初裂缝仅呈现于端部表面，随着干燥的进展它可以向着髓心并沿纵向扩展。这种裂纹在干燥时较难防止，最好的方法是在制材时避免生产带髓心的板材（"去心下料"）。

（3）涂刷防水涂料：在木材的端部和表面涂刷防水涂料，减缓木材表面的蒸发强度，这样可以减少木材内外的含水率梯度，也可以减少木材的开裂。

（4）采用高温定性处理：减少木材内裂的方法可采用高温定性处理，产生内裂的木材表层伸张残余变形可以在干燥过程结束前对木料进行高温高湿处理来消除。在处理时，木料表层因加湿膨胀而产生压缩残余变形，与原有的伸张残余变形抵消，处理后多余的水分被蒸发，随内层木材一起收缩，因而木材中可以不产生残余变形，木材内裂也因此而消除。

（5）用防水剂进行浸注处理：比较有效的方法是用防水剂进行加压处理，使防水剂深深地进入到木材中，以达到持久性的良好防裂效果。

8.1.4 木材的虫害

白蚁是我国危害使用中木材最主要的害虫，白蚁分布在热带和亚热带，以长江流域以南各省受害最为严重，最北达到辽宁南部和河北、山西及陕西等省，共有一百种左右，常见的有家白蚁、散白蚁和土白蚁三种。其中家白蚁是南方建筑木材特别是马尾松最严重的害虫。家白蚁在土壤或木构件体内筑巢。巢群庞大，一个巢群中的个体数可超过 100 万只。温度在 25～30℃时活动取食最频繁，10℃以下便回巢。在夏季，一个巢群的活动范围超越 100m，甚至十多层的高层也可到达。家白蚁生存所需的水分与水源有关，缺乏水源的巢群是难以长期生存的。

家天牛繁殖是一年或两年一代，在细小的木材裂缝中产卵，孵化成幼虫，几小时后就蛀入木材。幼虫在木材内蛀成各种形式的坑道，成熟后在虫坑末端化蛹。成虫后向外咬一椭圆形孔羽化飞出。家天牛主要以木纤维为食，其幼虫能分泌纤维素酶，消化木质纤维。破坏性很大，往往在建筑竣工后几个月内，就可听见幼虫咬木材的噪声。

长蠹和粉蠹的幼虫，主要以木材的淀粉和糖类为营养，故对含淀粉和糖类较多的阔叶材危害最甚。

一般防治湿材害虫的最有效办法就是将砍伐后的原木尽快制材或干燥，只要木材的含水率达到 20% 以下，即可防止湿材害虫对木材的侵害。但防治此类害虫，仅靠快速加工不能达到完全防治的目的，还必须进行彻底处理。

白蚁的防治主要有物理、化学和生物三种方法。物理方法如使用砂粒、不锈钢网、金属或塑料挡板及防水薄膜构筑在建筑物周围的适当部位设置一道物理屏障。化学方法建议以有机磷和拟除虫菊酯类杀虫剂为对象，使用对人类安全、对环境无污染的替代型白蚁预防药物。生物防治可用艾蒿薰杀，发生白蚁分群时燃烧，以火光引诱等。

天牛的防治也有物理、化学和生物三种方法。物理方法如利用天牛的假死性进行人工扑杀，或者利用黑光灯进行扑杀。药物防治如蛀孔注入白僵菌液，可防治多种天牛幼虫。生物防治如在房屋周围种植樟树等。长蠹和粉蠹最佳的木材防虫剂为硼化合物，包括硼酸硼砂、八硼酸钠。为了达到足够的杀虫力，木材中的杀虫剂要达到一定的数量（即干盐保持量）和一定的渗透深度。通常杀虫剂的处理量要达到 0.2% 以上的硼酸当量（BAE），对于橡胶木来说，最好达到 0.4%，渗透深度要达到 12mm 以上或整个边材。但硼化合物处理的木材，只能用于室内且不与水接触的部位，用于室外，则必须用油漆等进行防水保护。

作为木结构建筑除采取上述方法外，适当的抗虫木材品种的选用对防治地方性亦有相当的作用。对虫害较为严重的地区、基础交接构件、结构承重梁柱等可以在使用前进行防腐剂处理。

8.1.5 木结构防护的基本要求

1. 需要进行防护剂处理的木构件

（1）按相关要求，需要防护剂处理的木构件包括锯材、层板胶合木、胶合板及结构复合木材制作的构件。

（2）木麻黄、马尾松、云南松、桦木、湿地松、杨木等易腐或易虫蛀木材制作的构件。

（3）与地面接触或埋入混凝土、砌体中及处于通风不良而经常潮湿的木构件。

防护包括构造防护和防护剂处理。

锯材、胶合板、层板胶合木及结构复合木材因加工方法不同，吸收防护剂的能力不同，所以需分别处理。

防护剂处理方法应根据质量需要选择。防护剂吸收质量可按保持量或透入度评定，且应同时具有毒杀木腐菌和害虫的功能，而不致危及人畜和污染环境。

2. 构造防护措施

如图 8-1 所示为木柱用螺栓固定再从地面伸出的钢构件上的两个例子，木柱的底面与地面之间的距离，应视当地的气候环境和所用木材树种天然耐腐性质确定。

3. 防护剂处理方法

处理方法包括浸渍法、喷洒法和涂刷法。浸渍法中有常温浸渍法、冷热槽法和加压处理法等三种，为了保

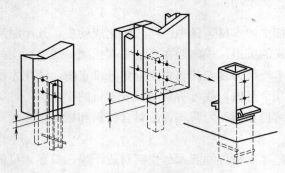

图 8-1　木柱下端的防潮措施

证达到规定的防护剂保持量，不论锯材、层板胶合木、胶合板或结构复合木材，均应采用加压处理法。

常温浸渍法等非加压处理法，只允许在腐朽和虫害轻微的使用环境中应用。喷洒法和涂刷法为辅助的方法，仅允许用于已处理的木材因钻孔、开槽而使未吸收防护剂的木材暴露的情况下使用。

木材应干燥达到设计规定的含水率后，才可进行防护剂处理。用水溶性防护剂处理后的锯材、层板胶合木、胶合板及结构复合木材均应重新干燥到原来规定的含水率。

木构件在处理前应加工至使用时的截面尺寸，以消除已处理木构件再度切割、钻孔的必要性。

4. 防护剂的种类及其选用

防护剂分为油类、油溶性和水溶性等三种类型。

层板胶合木胶合前进行防护处理应采用水溶性防护剂，以利重新干燥后胶合，如果需要在胶合后进行防护处理，则宜用油类或油溶性防护剂，防止胶缝强度受水溶性防护剂影响而降低。

下列防腐剂应控制其使用范围：

（1）混合防腐油和五氯酚只允许用于与地（或土壤）接触的木构件防腐和防虫，并应用两层可靠的包皮密封，不得用于居住建筑和农用建筑的内部，以防与人畜直接接触；不得用于储蓄食品的房屋或能与饮用水接触的处所。

（2）含砷的无机盐可用于居住、商业或工业房屋的室内，应在构件安装完毕后将所

有浮尘清除干净，但不得用于储存食品的房屋或与饮用水接触的处所。

防护剂最低保持量：

为了达到在设计要求的使用年限内木构件不致腐朽或遭受虫害，应根据防护剂的性能和使用环境，分别确定锯材、层板胶合木、胶合板及结构复合木材的最低保持量。

国家标准《木结构工程施工质量验收规范》GB 50206—2002 规定木结构的使用环境分为三级（注：不包括海事用途的木结构）。

（1）HJ Ⅰ：木材和复合木材在地面以上用于室内结构；室外被遮盖的木结构；室外暴露在大气中或长期处于潮湿状态的木结构。

（2）HJ Ⅱ：木材和复合木材用于与地面（或土壤）、淡水接触或处于其他易遭腐朽的环境（例如处于砌体或混凝土中的木构件）以及虫害地区。

（3）HJ Ⅲ：木材和复合木材用于与地面（或土壤）的接触处；园艺场或虫害严重地区；炎热带或热带。

5. 防腐木材等级

是指防腐处理的防腐木材可以或应该在何种环境条件下使用的级别，我国即将发布的防腐木材标准中有五大等级。

（1）C1 级别是指户内干燥级：在室内干燥、不接触土壤、空气干燥的环境条件下使用的级别。一般用于建筑内部及装饰等。

（2）C2 级别是户内潮湿级：在室内干燥、不接触土壤、空气潮湿的环境条件下的级别。一般用于建筑内部及装饰、地下室、卫生间。

（3）C3 级别是指户外地上级：是指在户外、地面以上（允许雨淋）的环境条件下使用的等级。一般用于平台、步道、外门窗。

（4）C4 级别是在户外触地/触水级：是指在户外与土壤或淡水长期接触的环境条件下使用的等级（C4 级又分为 C4A 和 C4B 两个级别）。一般用于围栏支柱、支架、木屋基础等。

（5）C5 级别是海水级：是指在接触海水的环境条件下使用的级别。

8.2 木结构的防潮和通风的构造要求

8.2.1 概述

木材的腐朽，主要是木材受木腐菌侵害所致。在木结构建筑中，木腐菌主要依赖潮湿的环境而得以生存与发展，凡是在结构构造上封闭的部位以及易经常受潮的场所，其木构件无不受木腐菌的侵害，严重者甚至会发生木结构坍塌事故。与此相反，若木结构所处的环境通风干燥良好，其木构件的使用年限，即使已逾百年，仍然可保持完好无损的状态。因此，为防止木结构腐朽，首先应采用既经济，又有效的构造措施。只有在采取构造措施后仍有可能遭受菌害的结构或部位，才需用防腐剂进行处理。建筑木结构构造上的防腐措施，主要是防潮与通风。

另外，通过构造上的通风与防潮，使木结构经常保持干燥，在很多情况下能对虫害起到一定的抑制作用，如果与药剂配合使用，会取得更好的防虫效果。

8.2.2　木结构中应采取防潮和通风措施的部位

（1）在桁架和大梁的支座下应设置防潮层。

（2）在木柱下应设置柱墩，一般情况下禁止将木柱直接埋入土中。

（3）桁架、大梁的支座节点或其他承重木构件不应封闭在墙、保温层或通风不良的环境中。

（4）处于房屋隐蔽部分的木结构，应设置通风孔洞。

（5）露天结构在构造上应避免任何部分有积水的可能，并且应在构件之间留有空隙（连接部位除外）。

（6）当室内外温差很大时，房屋的围护结构（包括保温吊顶），应采取有效的保温和隔气措施。

下列情况，除结构上采取通风防潮措施外，尚应进行药剂处理：

1. 露天结构。

2. 内排水桁架的支座节点处。

3. 檩条、格栅、柱等木构件直接与砌体、混凝土接触部位。

4. 白蚁容易繁殖的潮湿环境中使用的木构件。

5. 承重结构中马尾松、云南松、湿地松、桦木以及使用易腐朽或易遭虫害的木材。

8.2.3　应使用经防腐处理的木材

（1）对搁置在基础墙上或基础墙预留槽内的木梁及混凝土地基上的木柱须防腐处理。

（2）经加压防腐处理过的木材比未经加压处理的木材具有更强的防腐能力。化学防腐剂的渗透性和持久性是两个非常重要的考虑因素。在锯切或钻孔后暴露木材的端部和孔洞，至少加两层适当的木材防腐剂。

（3）对容易遭受虫害，尤其是白蚁侵袭的木材同样应进行防腐处理。

（4）木结构切割和钻孔的断面上，应用原来处理用的防护剂进行涂刷或喷涂。

8.3　防止雨水渗透系统

8.3.1　概述

外部湿气来自降水、地面水和灌溉水。雨水，尤其在有风的时候，会进入墙体和屋盖，成为对结构耐久性及其性能最严重的影响因素。对炎热、湿度高的地区，外界环境中存在的水蒸气也是一个应该值得注意的问题。

内部湿气可以是居住者本身与其日常活动所产生的，常以水蒸气形式存在。相关研究结论为：一个四口之家一天能产生约 45L 水蒸气。另外淋浴器、下水管及配件漏水也会导致水进入房屋内部结构。

内部湿气也可来自建造房屋时所用的木材、混凝土、灰浆以及其他材料中所含的水分。这些水分多在第一个月内散发，但在此期间是湿气的主要来源。因此墙体闭封前应使其内部湿气散发，以达到自然干燥的目的。

湿气在建筑物结构构件内通过以下四种途径传播：

液体流动：水在外力（例如重力、风或因空气压差而产生的吸力）作用下的流动。

毛细管作用：水在多孔材料或两种材料之间的小空腔中因表面张力作用而产生的运动。

气流运动：水蒸气因空气流经空间和材料间而产生的运动。

扩散：水蒸气因自身压差导致其在材料间的运动。

通过液体流动和毛细管作用进入建筑物围护结构内的湿气主要来源于外部湿气，例如雨水和地面水。对建造商和设计师而言它们是最为重要和首要的考虑因素。通过扩散或空气运动进入建筑物围护结构内的湿气可源于内部湿气或外部湿气。这也是防潮处理时需要关注的问题。

8.3.2　雨水渗透的系统防线

通过设置以下四道独立的防线可以有效控制雨水渗透。这些防线的应用（可以任意组合应用）取决于房屋的设计。

1. 折流

折流是指使雨水偏离建筑物表面，从而将雨水渗透的可能性降至最小。折流防线包括以下措施：将建筑物建造在能够遮蔽盛行风的位置；采用面积较大的屋面挑檐；应用建筑细部设计使之利于排水；设计中采用坡屋面以及较长的挑檐是保证轻型木结构房屋耐久性最重要的因素。折流防线也可应用于小构件上，例如：突出的窗台、泛水板和滴水槽。外饰面和密封剂也被视为重要的折流防线。但是，在多雨地区，折流不应是抵御雨水渗透的唯一措施。

2. 排水

排水是指通过设计排水路径使水在重力作用下流出建筑物围护结构。例如：坡屋面和屋顶坡谷；檐沟和落水管；带坡度的走廊和露台；建筑物周围的室外地坪向外倾斜；外饰面后的排水空腔；金属泛水板和防水层等（用以阻隔并排除流经外饰面的水）。

墙体内的排水表面介于外饰面和墙面板之间。该表面覆盖有防水层，如防水纸或油毡，可以将水排出墙面板。防水层还能阻挡穿过外饰面的风。防水层、门窗泛水板的正确安装和搭接，对于有效排水十分重要。

位于外饰面和防水层之间的空腔可以排除渗入墙体的水分，空腔的设置在多雨地区十分重要，其目的是阻隔毛细管作用，防止水分使防水层表面过度潮湿，甚至浸湿后面的墙面板。当空腔内的气压与外界气压相同时，空腔便能够与外界进行通风，其作用尤其有效。如果没有压差作为驱动力，渗入墙体排水空腔的水分将大大减少。

3. 干燥

干燥是指借助通风或蒸汽扩散排除积聚的湿气，以避免湿气侵入墙体构件。因此必须考虑各种构件的干燥能力，如外饰面、墙面板和框架构件。

外饰面的干燥取决于所选用的饰面材料，而且墙体内的排水空腔有助于外饰面的干燥。墙面板和结构构件的干燥也很重要。木材是多孔材料，一般来讲易于干燥，但是必须允许湿气从构件内部排出。结构构件和墙面板的干燥很大程度上取决于墙体内外两侧和屋盖所选用的材料。比如，外墙构件的设计必须满足使房屋内外得到充分干燥。墙上所用各种材料（包括外饰面、防水层、气密层、蒸汽阻隔层、墙面板和内墙装饰材料）的透气性，对墙体干燥能力的影响都很大。透气性好的墙面应位于有助于墙体干燥的一侧。在寒冷的气候条件下，应位于墙体外侧。

4. 耐久性

在湿度较高的地区，必须选用耐久性材料。当采用折流、排水和干燥的方法不能将木结构构件的含水率控制在 28% 以下时，木材就有发生腐烂的危险。暴露于高湿度条件下的木材必须经过加压防腐处理以增加其耐久性。用加压防腐材作地梁板就是一个很好的例子，因为地梁板与基础墙接触，环境湿度大。

所有在露天和湿度条件下使用的材料须具有一定耐久性。钢制连接件应防锈防腐蚀。用作露台的木材须经加压防腐处理。木制外饰面和外饰线须刷防护漆或作防腐处理。

此外，设置多道防线不仅可以增加墙体抵御雨水渗透的能力。还可增加结构的安全可靠性并有助于弥补设计和建造上的不足和失误。这在降雨量较大的地区尤为重要。

8.3.3 墙体类型的选择

轻型木结构房屋的外墙有四种基本类型可供选择以抵御雨水侵袭。外墙类型的选择取决于墙体暴露于风雨的程度。这四种基本类型是：

1. 表面密封墙

表面密封墙的设计原理是保证外饰面表面的水密性和气密性。外饰面的接缝处以及与其他墙体构件的接口处须密封。外饰面外表面是唯一的排水通道，没有另外的保护措施。

表面密封墙必须很好地施工和维护才能有效抵御雨水渗透。这种类型的墙体只有在外饰面表面接触雨水的机会较少的情况下才能应用，比如气候条件干燥且房屋有宽大的挑檐。

2. 隐蔽式屏障墙

隐蔽式屏障墙的设计原理是排出透过外饰面表面进入墙体的水分。隐蔽式排水墙在外饰面和防水层之间设计排水通道，作为抵御雨水渗透的第二道防线。

隐蔽式屏障墙的一个实例是：将外饰面（如灰泥涂料、木制外挂板和聚乙烯外挂板）直接安装在连续铺放的用沥青浸渍的油毡防水层上，防水层贴在胶合木覆面板上，墙体接缝处和开口处有泛水板。

隐蔽式屏障墙在风雨量小到中等地区应用效果很好。但在风雨量较大的地区应用则不能保证效果。其防风雨效果还取决于良好的细部设计和建造商的安装质量。

3. 防雨幕墙

防雨幕墙的设计原理是在外饰面和防水层之间设置至少 8mm 排水空腔，以便进一步排出外墙中的水分。其作用是阻隔毛细孔作用，将大部分水排出防水层，并有利于通风，使外饰面背面保持干燥，而且可以减少因水蒸气在构件之间的扩散而可能导致的湿气积聚。

防雨幕墙的实例：砖饰面距墙面板至少 1cm，木制外挂板、聚乙烯外挂板和灰泥涂料铺设在垂直的木底撑上。在风雨量较大的地区防雨幕墙效果最好。

4. 等压防雨幕墙

等压防雨幕墙比普通防雨幕墙增加了一个重要特性，即通过对排水空腔分区和增加通风使空腔内外压差相等。当风吹向建筑物表面时，在外饰面上产生的压差可以通过通风及墙内空腔气压的平衡来减小压差。这样就消除了雨水渗透的主要驱动力。

等压防雨幕墙要求墙内侧必须密封，气密层能够承受最大风荷载。气密层上有任何一处开口都会使空腔内气压不等。如果空腔内部是连续的而未分区，则空腔内部的侧向气流也会使空腔内气压不等。还有一点非常重要，即转角处的空腔应该封闭以维持迎风面等压状态，并防止空气被临近墙面抽吸出去。等压防雨幕墙的防外墙渗漏效果最佳。

思考与训练

1. 木结构中的哪些部位应采取防潮和通风措施？
2. 试述延缓木材开裂的方法。
3. 试述雨水渗透的 4 个系统防线的内容及适用范围。
4. 试述木材的腐朽原理及用于轻型木结构的木材的含水率标准。
5. 防虫主要有哪些物理和化学方法？
6. 木结构的构造防护和防护剂处理方法分别有哪些？
7. 木结构的防潮和通风有哪些主要的构造要求？
8. 防止雨水渗透系统主要有哪些措施？

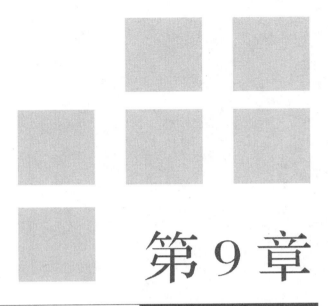

第9章

木结构工程项目实例

学习重点：本章介绍了四个木结构工程实例，主要是拓展知识面，了解当代木结构工程在中国主要的应用方向。

学习目标：了解木结构的施工实例。

教学建议：结合多媒体教学，增加学生对木结构工程的了解。

9.1　同济大学平改坡桁架工程实例

9.1.1　概述

该项目位于同济大学校园内。本项目对木结构平改坡进行了一系列技术革新：扩大桁架间距，采用木女儿墙等，将示范项目用于科学技术研究的同时也进一步提高了木结构平改坡的成本效应。此结构合理，成为以后木结构平改坡的重要参考模式。如图 9-1 所示。

图 9-1　同济大学平改坡项目

9.1.2　平改坡桁架施工流程

（1）工程由清理瓦片和砖块开始。接着拆除原有的砖砌女儿墙，以建造新的结构。

（2）拆除原有的女儿墙后，开始支模及浇捣混凝土以形成新的女儿墙。

（3）在建造女儿墙的同时，屋顶木桁架已在工厂加工制作，以便减少屋顶施工的时间及对居民生活的干扰。

（4）新的女儿墙完成后，施工人员通过普通的绳索和滑轮系统把木桁架输送至屋顶。如图 9-2 所示。

（5）根据图纸竖起木桁架，确保整体的水平和垂直。通常先竖起两端的桁架，并做好支撑；然后，在桁架尾端拉线，并绷紧。这样可以保证所有的桁架能完全对齐。一旦就位，须在每个承重点钉 3 个长度不得短于 75mm 的钉子，并须安装支撑以保持桁架正确的位置和整齐度。

（6）安装 40mm×90mm 规格木的永久斜撑（永久支撑起到垂直且保持固定作用并且均匀分布风载和抗震加固的作用）。如图 9-3 所示。

图 9-2　施工人员用绳索和滑轮系统把木桁架输送至屋顶　　图 9-3　施工人员安装永久斜撑

（7）最后是安装避雷系统，完成避雷系统的安装，标志着平改坡工程的结束。

9.2　2010 年上海世博会温哥华案例馆

上海世博会温哥华案例馆拥有 900m² 的建筑面积，一、二层面向公众展示，第三层用于举办讲座、贵宾接待等活动。温哥华馆一楼展示了温哥华从 1986 年举办世博会至 2010 年举办冬奥会期间，如何转变为世界最宜居住城市之一的成长历程。二楼展示

图 9-4　温哥华案例馆（一）

图 9-4　温哥华案例馆（二）

了加拿大木结构建筑体系在中国的应用；二层同时还介绍了木结构建筑及其材料在环保、抗震等方面的诸多优点。温哥华馆由来自加拿大的 SPF 胶合木建造，同时结合了常规的轻型木结构建筑体系。温哥华馆的建筑设计体现了加拿大木产品在中国既可以用于建造令人印象深刻的公共建筑，也可以建造民用住宅。如图 9-4 所示。

9.3　抗震救灾四川援建木结构项目

　　木结构自身结构的重量轻，因而在地震中吸收的地震力小（本身的重力小）；木结构本身的平衡性优于其他结构，不会轻易发生变形或化学反应，而楼板和墙体体系形成的类似于箱形的空间结构使得各构件之间又能相互作用，即使受强力作用整体结构也不会散架；此外，木结构韧性大，有很强的弹性回复性，当受到瞬间冲击和周期性破坏时，主体结构即使与地基发生错位时，可由自身的弹性复位而不至于崩塌。本节介绍了抗震救灾四川援建木结构项目的工程实例。如图 9-5～图 9-7 所示。

图 9-5　北川县擂鼓镇中心敬老院

(a)

(b)

图 9-6　绵阳特殊学校

(a) 教室；(b) 门厅

(a)　　　　　　　　　　　　　　　　　　(b)

图 9-7　都江堰向峨小学

(a) 教室；(b) 外立面

9.4　梦加园项目

梦加园项目位于上海市浦东新区金桥镇，包括了梦加园办公楼和梦加园别墅两部分，该项目在设计过程中把北美木结构建筑的优点和中国传统的家居理念有效地结合到一起，为木结构领域专业人士和普通公众展现了全新的现代建筑结构形式，有效地表达了现代木结构房屋建筑技术和木制产品的优势。如图 9-8～图9-10所示。

图 9-8　梦加园施工现场

图 9-9　梦加园会所

9.5　木结构技术讲座项目

"木结构技术系列讲座"项目始于 2008 年 4 月，主要面向在校学生和相关企业的技术人员，是上海城市管理职业技术学院与加拿大木业协会合作开展的，旨在介绍和推广现代木结构工程构造、施工技术及工程管理的"校企合作"系列实践教学项目。

140

图 9-10 技术讲座施工现场

参 考 文 献

[1] 樊承谋. 木结构. 北京：高等教育出版社，2009.

[2] 费本华. 轻型木结构住宅建造技术. 北京：中国建筑工业出版社，2009.

[3] 刘杰. 木结构施工便携手册. 北京：中国计划出版社，2006.

[4] 张洋. 木结构建筑检测与评估. 北京：中国林业出版社，2011.

[5] 任海青. 结构住宅常见性能检测和评估. 北京：中国建筑工业出版社，2008.

[6] （德）史泰格. 木结构施工. 北京：中国建筑工业出版社，2010.